21世纪高等学校计算机
专业实用系列教材

数据结构

（Python版）

◎ 许佳炜 张笑钦 潘思成 编著

清华大学出版社
北京

内 容 简 介

"数据结构"是计算机专业的一门专业基础课，开设计算机专业的高校都要开设"数据结构"课程。本书语言通俗易懂，以精简、突出重点的方式讲解各种基本的数据结构和算法，如链表、二叉树、排序，另外配有易于读者理解的图示讲解，能够更好地帮助读者打好数据结构基础。书中还介绍了各种算法的历史渊源，引发读者的学习兴趣。本书后半部分有配套的实验案例，供读者参考学习，加强读者对数据结构和算法的实际应用，加深算法熟练度。

本书适合高等院校计算机科学与技术及相关专业本科生、研究生使用，还可作为从事计算机工程与应用工作的科技人员的参考书。

图书在版编目（CIP）数据

数据结构：Python 版/许佳炜，张笑钦，潘思成编著. —北京：清华大学出版社，2022.4 （2023.9 重印）
21 世纪高等学校计算机专业实用系列教材
ISBN 978-7-302-60201-9

Ⅰ. ①数… Ⅱ. ①许… ②张… ③潘… Ⅲ. ①数据结构－高等学校－教材 ②软件工具－程序设计－高等学校－教材 Ⅳ. ①TP311.12 ②TP311.561

中国版本图书馆 CIP 数据核字(2022)第 031427 号

责任编辑：赵　凯
封面设计：刘　键
责任校对：徐俊伟
责任印制：丛怀宇

出版发行：清华大学出版社
　　　　　网　　　址：http://www.tup.com.cn，http://www.wqbook.com
　　　　　地　　　址：北京清华大学学研大厦 A 座　　　邮　　编：100084
　　　　　社 总 机：010-83470000　　　　　　　　邮　　购：010-62786544
　　　　　投稿与读者服务：010-62776969，c-service@tup.tsinghua.edu.cn
　　　　　质量反馈：010-62772015，zhiliang@tup.tsinghua.edu.cn
　　　　　课件下载：http://www.tup.com.cn，010-83470236
印 装 者：三河市龙大印装有限公司
经　　销：全国新华书店
开　　本：185mm×260mm　　　印　张：11.75　　　字　数：292 千字
版　　次：2022 年 4 月第 1 版　　　印　次：2023 年 9 月第 2 次印刷
印　　数：1501～2500
定　　价：49.80 元

产品编号：095552-01

前　言

　　"数据结构(Python 版)"要求学生能够熟练地选择和设计各种数据结构,是体现学生程序设计人员水平的一个重要标志。本课程强调对学生离散数学、高级语言程序设计、数据结构、算法设计与分析课程群的知识点综合运用能力的全面训练。

　　本书采用 Python 语言进行编程实践。通过本课程,可使学生深化理解书本知识,致力于用学过的理论知识和上机取得的实践经验,解决具体、复杂的实际问题,培养软件工作者所需的动手能力、独立解决问题的能力。该课程侧重软件设计的综合训练,包括问题分析、总体结构设计、用户界面设计、程序设计基本技能和技巧、多人合作,以至一整套软件工作规范的训练和科学作风的培养。

　　本书内容共 9 章,包括绪论、线性表、栈和队列、串、树与二叉树、图、查找、排序、Python 数据结构等内容。最后,在附录中列举了一些实例进行算法分析。

　　本书作者多年从事计算机程序设计、数据结构等课程的教学工作和计算机软件开发工作,有丰富的实践和教学经验。

　　由于作者水平有限,书中难免存在错误之处,欢迎读者提出宝贵意见。

许健师

于 2021 年暑期

目 录

第1章 绪　论

1.1　数据结构的基本概念

1.1.1　基本概念和术语

1. 数据

数据是信息的载体,是描述客观事物属性的数、字符及所有能输入到计算机中并被计算机程序识别和处理的符号集合。数据是计算机程序加工的原料。

2. 数据元素

数据元素是数据的基本单位,数据元素也叫作结点或记录。在计算机程序中通常作为一个整体进行考虑和处理。有时,一个数据元素可由若干个数据项组成,例如,一本书的书目信息为一个数据元素,而书目信息的每一项(如书名、作者名等)为一个数据项。数据项是数据的不可分割的最小单位。

3. 数据对象

数据对象是具有相同性质的数据元素的集合,是数据的一个子集。

4. 数据类型

数据类型是一个值的集合和定义在此集合上的一组操作的总称。

(1) 原子类型,其值不可再分的数据类型;

(2) 结构类型,其值可以再分解为若干成分(分量)的数据类型;

(3) 抽象数据类型,抽象数据组织及与之相关的操作。

5. 数据结构

数据结构是相互之间存在一种或多种特定关系的数据元素集合。在任何问题中,数据元素都不是孤立存在的,它们之间存在某种关系,这种数据元素相互之间的关系称为结构。数据结构包括三方面的内容:逻辑结构、存储结构和数据的运算。

数据的逻辑结构和存储结构是密不可分的两个方面,一个算法的设计取决于选定的逻辑结构,而算法的实现依赖于所采用的存储结构。

1.1.2　数据结构三要素

1. 数据的逻辑结构

数据的逻辑结构是指反映数据元素之间逻辑关系的数据结构,其中的逻辑关系是指数据元素之间的前后间关系,而与它们在计算机中的存储位置无关。逻辑结构分类如下:

集合：数据结构中的元素之间除了"同属一个集合"的相互关系外，别无其他关系，如图 1.1(a)所示。

线性结构：数据结构中的元素存在一对一的相互关系，如图 1.1(b)所示。

树形结构：数据结构中的元素存在一对多的相互关系，如图 1.1(c)所示。

图形结构：数据结构中的元素存在多对多的相互关系，如图 1.1(d)所示。

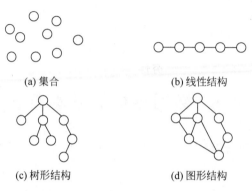

(a) 集合　　　　　　　　　　(b) 线性结构

(c) 树形结构　　　　　　　　(d) 图形结构

图 1.1　四类基本结构关系示例图

2. 数据的存储结构

数据的存储结构是数据结构在计算机中的表示（又称映像），也称物理结构。它包括数据元素的机内表示和关系的机内表示。常用的存储结构有顺序存储、链式存储、索引存储和散列存储等。

1）顺序存储

把逻辑上相邻的元素存储在物理位置上也相邻的存储单元中，元素之间的关系由存储单元的邻接关系来体现。其优点是可以实现随机存取，每个元素占用最少的存储空间；缺点是只能使用相邻的一整块存储单元，因此可能产生较多的外部碎片。

2）链式存储

不要求逻辑上相邻的元素在物理位置上也相邻，借助指示元素存储地址的指针来表示元素之间的逻辑关系。其优点是不会出现碎片现象，能充分利用所有存储单元；缺点是每个元素因存储指针而占用额外的存储空间，且只能实现顺序存取。

3）索引存储

在存储元素信息的同时，还建立附加的索引表。索引表中的每项称为索引项，索引项的一般形式是（关键字，地址）。其优点是检索速度快；缺点是附加的索引表额外占用存储空间。另外，增加和删除数据时也要修改索引表，因而会花费较多的时间。

4）散列存储

根据元素的关键字直接计算出该元素的存储地址，又称哈希存储。其优点是检索、增加和删除结点的操作都很快；缺点是若散列函数不好，则可能出现元素存储单元的冲突，而解决冲突会增加时间和空间开销。

3. 数据的运算

数据的运算包括运算的定义和实现。运算的定义是针对逻辑结构的，指出运算的功能；而运算的实现是针对存储结构的，指出运算的具体操作步骤。

1.2 算　　法

1.2.1 算法的基本概念

算法(algorithm)是指解题方案的准确而完整的描述,它是指令的有限序列,其中的每条指令表示一个或多个操作。算法代表用系统的方法描述解决问题的策略机制。一个算法具有下列 5 个重要特性:

(1) 有穷性(finiteness)。算法的有穷性是指算法必须能在执行有限个步骤之后终止。

(2) 确切性(definiteness)。算法的每一步骤必须有确切的定义。

(3) 输入项(input)。一个算法有 0 个或多个输入,以刻画运算对象的初始情况。所谓 0 个输入是指算法本身定出了初始条件。

(4) 输出项(output)。一个算法有一个或多个输出,以反映对输入数据加工后的结果。没有输出的算法是毫无意义的。

(5) 可行性(effectiveness)。算法中执行的任何计算步骤都可以被分解为基本的可执行的操作步骤,即每个计算步骤都可以在有限时间内完成(也称为有效性)。

一般情况下,设计一个"好"的算法应该考虑达到以下目标:

(1) 正确性。算法应能够正确地解决问题。

(2) 可读性。算法应具有良好的可读性,以帮助人们理解。

(3) 健壮性。输入非法数据时,算法应能适当地做出反应或进行处理,而不会产生莫名其妙的输出结果。

(4) 时间复杂度。算法的时间复杂度是指执行算法所需要的计算工作量,实现算法应达到较低的时间复杂度。

(5) 空间复杂度。算法的空间复杂度是指算法需要消耗的内存空间,实现算法应达到较低的空间复杂度。

1.2.2 算法效率的评定

1. 时间复杂度

算法的时间复杂度是指执行算法所需要的计算工作量。一般来说,计算机算法是问题规模的函数,算法的时间复杂度也因此记作:

$$T(n) = O(f(n))$$

式中,O 的含义是 $T(n)$ 的数量级,其严格的数学定义是:若 $T(n)$ 和 $f(n)$ 是定义在正整数集合上的两个函数,则存在正常数 C 和 n_0,使得当 $n \geqslant n_0$ 时,都满足 $0 \leqslant T(n) \leqslant Cf(n)$。

最坏时间复杂度是指在最坏情况下,算法的时间复杂度。

平均时间复杂度是指所有可能输入实例在等概率出现的情况下,算法的期望运行时间。

最好时间复杂度是指在最好情况下,算法的时间复杂度。

一般总是考虑在最坏情况下的时间复杂度,以保证算法的运行时间不会比它更长。

2. 空间复杂度

算法的空间复杂度是指算法需要消耗的内存空间。同时间复杂度相比,空间复杂度的分析要简单得多。

小　结

（1）数据结构包括数据的逻辑结构、数据的存储结构和数据的运算三个要素。数据的逻辑结构分为集合、线性结构、树形结构和图形结构。数据的存储结构分为顺序存储、链式存储、索引存储和散列存储。

（2）集合中的数据元素是相互独立的，在线性结构中数据元素具有"一对一"的关系，在树形结构中数据元素具有"一对多"的关系，在图形结构中数据元素具有"多对多"的关系。

（3）算法是指解题方案的准确而完整的描述，它是指令的有限序列，其中的每条指令表示一个或多个操作。算法具有下列五个重要特性：有穷性、确切性、输入项、输出项和可行性。一个优秀的算法应该达到以下目标：正确性、可读性、健壮性、时间复杂度和空间复杂度。

（4）算法效率的评定主要包括对时间复杂度和空间复杂度的分析。

第2章

线　性　表

2.1　线性表的定义

线性表(linear list)是数据结构的一种,一个线性表是 n 个具有相同特性的数据元素的有限序列,线性表中数据元素之间的关系是一对一的关系。数据元素是一个抽象的符号,其具体含义在不同的情况下一般不同。

在稍复杂的线性表中,一个数据元素可由多个数据项(item)组成,此种情况下常把数据元素称为记录(record),含有大量记录的线性表又称文件(file)。

线性表中的元素个数 n 定义为线性表的长度,$n=0$ 时称为空表。在非空表中每个数据元素都有一个确定的位置,如用 a_i 表示数据元素,则 i 称为数据元素 a_i 在线性表中的位序。

线性表的相邻元素之间存在着序偶关系。如用$(a_1,\cdots,a_{i-1},a_i,a_{i+1},\cdots,a_n)$表示一个顺序表,则表中 a_{i-1} 领先于 a_i,a_i 领先于 a_{i+1},称 a_{i-1} 是 a_i 的直接前驱元素,a_{i+1} 是 a_i 的直接后继元素。当 $i=1,2,\cdots,n-1$ 时,a_i 有且仅有一个直接后继;当 $i=2,3,\cdots,n$ 时,a_i 有且仅有一个直接前驱。

可以根据定义得出线性表具有以下特点:

(1) 表中元素的个数有限。

(2) 表中元素具有逻辑上的顺序性,表中元素有先后次序。

(3) 表中元素都是数据元素,每个元素都是单个元素。

(4) 表中元素的数据类型都相同,这意味着每个元素占用相同大小的存储空间。

2.2　顺序表的定义和基本操作的实现

2.2.1　顺序表的定义

采用顺序存储结构的线性表通常称为顺序表。顺序表是在计算机内存中以数组的形式保存的线性表,线性表的顺序存储是指用一组地址连续的存储单元依次存储线性表中的各个元素,使得线性表中在逻辑结构上相邻的数据元素存储在相邻的物理存储单元中,即通过数据元素物理存储的相邻关系来反映数据元素之间逻辑上的相邻关系,故顺序表中元素的逻辑顺序和其物理顺序相同。顺序表是将表中的结点依次存放在计算机内存中一组地址连续的存储单元中。第 1 个元素存储在线性表的起始位置,第 i 个元素的存储位置后面紧接

着存储的是第 $i+1$ 个元素。

假设顺序表 L 存储的起始位置为 LOC(A)，SIZE 为每个数据元素所占用存储空间的大小，则顺序表 L 所对应的顺序存储如图 2.1 所示。

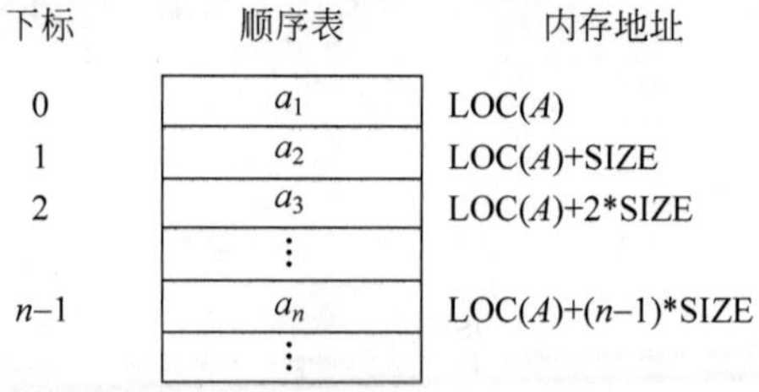

下标	顺序表	内存地址
0	a_1	LOC(A)
1	a_2	LOC(A)+SIZE
2	a_3	LOC(A)+2*SIZE
⋮		
$n-1$	a_n	LOC(A)+($n-1$)*SIZE

图 2.1　线性表的顺序存储结构

线性表的顺序存储类型的描述如下：

```
class SequenceList:
    def __init__(self, maxsize):           # 类的初始化方法
        self.curLen = 0                    # 顺序表当前长度
        self.maxSize = maxsize             # 顺序表的容量
        self.sqList = [None] * self.maxSize   # 初始化列表
```

顺序表最主要的特点是随机访问，即通过元素序号可在时间复杂度 $O(1)$ 内找到指定的元素。

顺序表的存储密度高，每个结点只存储数据元素。

顺序表逻辑上相邻的元素物理上也相邻，所以插入和删除操作需要移动大量元素，故顺序表插入或删除元素时效率会比较低。

2.2.2　顺序表上基本操作的实现

顺序表有插入、删除、查找等基本操作。

1. 按索引位置插入操作

要在顺序表 L 的第 $i(1 \leqslant i \leqslant L.\text{length}+1)$ 个位置插入新元素 e，需要输入的参数分别为待插入的索引位置（$0 \leqslant \text{pos} \leqslant L.\text{length}$，索引是从 0 开始）和待插入的元素。若 pos 的输入不合法，则抛出异常，表示插入失败；否则将顺序表的第 pos 个元素及其后的所有元素后移一个位置，腾出一个空位置插入新元素 e，如图 2.2 所示。此时顺序表的长度会增加 1，该插入操作成功。

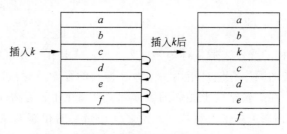

图 2.2　顺序表插入过程

```
def insert(self, pos, e):
    if self.curLen == self.maxSize:                # 顺序表满，则抛出异常
        raise Exception("顺序表已满!")
    if pos < 0 or pos > len(self.sqList):          # 输入不合法，则抛出异常
        raise Exception("输入不合法!")
    for i in range(self.curLen, pos - 1, - 1):
        self.sqList[i] = self.sqList[i - 1]        # 将插入位置及其后的所有元素后移一个位置
    self.sqList[pos] = e                           # 插入新元素 e
    self.curLen += 1                               # 表长加 1
```

在最好情况下，即在表尾插入（即 pos=n），此时没有元素需要进行后移，时间复杂度为 $O(1)$。

在最坏情况下，即在表头插入（即 pos=0），此时所有的元素都需要进行后移，后移语句将执行 n 次，时间复杂度为 $O(n)$。

在平均情况下，假设 p_i（$p_i=1/(n+1)$）表示第 i 个索引位置上插入一个元素的概率，则可得出在长度为 n 的顺序表中插入一个元素时，所需移动元素的平均次数为

$$\sum_{i=1}^{n+1} p_i(n-i+1) = \sum_{i=1}^{n+1} \frac{1}{n+1}(n-i+1) = \frac{1}{n+1} \sum_{i=1}^{n+1}(n-i+1)$$

$$= \frac{1}{n+1} \frac{n(n+1)}{2} = \frac{n}{2}$$

故顺序表插入算法的平均时间复杂度为 $O(n)$。

2. 按索引删除操作

要在顺序表 L 的第 i（$1 \leqslant i \leqslant L.\text{length}$）个位置删除一个元素 e，需要输入的参数为待删除的元素索引位置（$0 \leqslant \text{pos} < L.\text{length}$）。若 pos 的输入不合法，则抛出异常，表示插入失败；否则将顺序表中该元素其后的所有元素前移一个位置，删除原先的元素，如图 2.3 所示。此时顺序表的长度减 1，该删除操作成功。

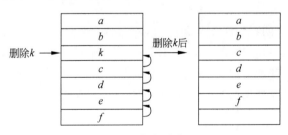

图 2.3　顺序表删除过程

```
def delete(self, pos):
    if self.curLen == self.maxSize:                # 顺序表满，则抛出异常
        raise Exception("顺序表已满!")
    if pos < 0 or pos > len(self.sqList):          # 输入不合法，则抛出异常
        raise Exception("输入不合法!")
    for i in range(pos, self.curLen):
        self.sqList[i] = self.sqList[i + 1]        # 将待删除元素其后的所有元素前移一个位置
    self.curLen - = 1                              # 表长 - 1
```

在最好情况下，即删除表尾元素（即 $i=n$），此时不需要移动其他元素，时间复杂度为 $O(1)$。

8

在最坏情况下,即删除表头元素(即 $i=1$),此时需要将除第一个元素外的所有元素左移,时间复杂度为 $O(n)$。

在平均情况下,假设 $p_i(p_i=1/n)$ 是删除第 i 个位置上元素的概率,则可以得出在长度为 n 的顺序表中删除一个元素时,所需移动元素的平均次数为

$$\sum_{i=1}^{n} p_i(n-i) = \sum_{i=1}^{n} \frac{1}{n}(n-i) = \frac{1}{n}\sum_{i=1}^{n}(n-i) = \frac{1}{n}\frac{n(n-1)}{2} = \frac{n-1}{2}$$

故顺序表删除算法的平均时间复杂度为 $O(n)$。

3. 按值查找

要在顺序表 L 中查找第一个元素值等于 e 的元素的位置,需要输入的参数为待查找元素 e。将 e 与顺序表中的每一个元素进行比较,如果查找到该元素则返回其索引位置,否则返回 -1。

```python
def find(self, e):
    for i in range(self.curLen):        # 逐一遍历查找
        if self.sqList[i] == e:
            return i                     # 查找到则返回索引位置
    return -1                            # 未查找到则返回-1
```

在最好情况下,即要查的数就位于表头,仅需比较一次,时间复杂度为 $O(1)$。

在最坏情况下,即要查的数位于表尾,需要比较 n 次,时间复杂度为 $O(n)$。

在平均情况下,假设 $p_i(p_i=1/n)$ 是要查找的元素在第 i($1 \leqslant i \leqslant L.$ length$+1$)个位置上的概率,则可以得出在长度为 n 的顺序表中查询一个元素时,所需比较元素的平均次数为

$$\sum_{i=1}^{n} p_i \times i = \sum_{i=1}^{n} \frac{1}{n} \times i = \frac{1}{n}\frac{n(n+1)}{2} = \frac{n+1}{2}$$

故顺序表按值查找算法的平均时间复杂度为 $O(n)$。

在 Python 中,也可以使用 Python 数据类型——列表,通过它的函数和方法,来帮助实现顺序表中各个操作,读者可以思考一下具体实现方法。

创建一个列表,只要把逗号分隔的不同的数据项使用方括号括起来即可。如下所示:

```python
list1 = ['dog', 'cat', 2020, 2021]
list2 = [1, 2, 3, 4, 5]
list3 = ["a", "b", "c", "d"]
```

列表包含的函数与方法如表 2.1 和表 2.2 所示。

表 2.1　Python 列表函数介绍

函　数　名	简　　介
cmp(list1, list2)	比较两个列表的元素
len(list)	列表元素个数
max(list)	返回列表元素最大值
min(list)	返回列表元素最小值

表 2.2　Python 列表方法介绍

方 法 名	简 介
list. append(obj)	在列表末尾添加新的对象
list. count(obj)	统计某个元素在列表中出现的次数
list. extend(seq)	在列表末尾一次性追加另一个序列中的多个值(用新列表扩展原来的列表)
list. index(obj)	从列表中找出某个值第一个匹配项的索引位置
list. insert(index, obj)	将对象插入列表
list. pop([index=−1])	移除列表中的一个元素(默认最后一个元素),并且返回该元素的值
list. remove(obj)	移除列表中某个值的第一个匹配项
list. reverse()	反向列表中元素
list. sort(cmp = None, key = None, reverse=False)	对原列表进行排序

【实例操作】

假设有一容量为 5 的顺序表,依次从表头插入 1,3,4,5,进行如下操作: 删除位置索引为 1 的元素; 在位置索引 3 插入元素 9; 查找和输出元素值为 5 的元素索引位置; 输出进行上述操作后的顺序表。

```python
class SequenceList:
    def __init__(self, maxsize):
        self.curLen = 0                        # 顺序表当前长度
        self.maxSize = maxsize                 # 顺序表的容量
        self.sqList = [None] * self.maxSize    # 初始化列表

    # 判空
    def is_empty(self):
        return self.curLen == 0

    # 按位置索引插入
    def insert(self, pos, e):
        if self.curLen == self.maxSize:        # 顺序表满,则抛出异常
            raise Exception("顺序表已满!")
        if pos < 0 or pos > len(self.sqList):  # 输入不合法,则抛出异常
            raise Exception("输入不合法!")

        for i in range(self.curLen, pos - 1, - 1):
            self.sqList[i] = self.sqList[i - 1]  # 将插入位置及其后的所有元素后移一个位置
        self.sqList[pos] = e                   # 插入新元素 e
        self.curLen += 1                       # 表长 + 1

    # 删除元素
    def delete(self, pos):
        if self.curLen == self.maxSize:        # 顺序表满,则抛出异常
            raise Exception("顺序表已满!")
        if pos < 0 or pos > len(self.sqList):  # 输入不合法,则抛出异常
            raise Exception("输入不合法!")
        for i in range(pos, self.curLen):
```

```
            self.sqList[i] = self.sqList[i + 1]        # 将待删除元素其后的所有元素前移一个位置
            self.curLen -= 1                           # 表长 - 1

    # 查找
    def find(self, e):
        for i in range(self.curLen):                   # 逐一遍历查找
            if self.sqList[i] == e:
                return i                               # 查找到则返回索引位置
        return -1                                      # 未查找到则返回 -1


sl = SequenceList(5)
sl.insert(0, 1)
sl.insert(0, 3)
sl.insert(0, 4)
sl.insert(0, 5)
sl.delete(1)                                           # 删除位置索引为 1 的元素
sl.insert(3, 9)                                        # 在索引位置 3 插入元素 9
print(sl.find(5))                                      # 查找和输出元素值为 5 的元素索引位置
print(sl.sqList)
```

【输出】

```
0
[5, 3, 1, 9, None]
```

2.3 链表的定义和基本操作的实现

2.3.1 链表的定义

链表是一种物理存储单元上非连续、非顺序的存储结构,数据元素的逻辑顺序是通过链表中的指针链接次序实现的。链表由一系列结点(链表中每一个元素称为结点)组成,结点可以在运行时动态生成。每个结点包括两个部分:一个是存储数据元素的数据域,另一个是存储下一个结点地址的指针域。相比于线性表顺序结构,链表结构操作复杂。

使用链表结构可以克服数组链表需要预先知道数据大小的缺点,链表结构可以充分利用计算机内存空间,实现灵活的内存动态管理。但是链表失去了数组随机读取的优点,同时链表由于增加了结点的指针域,空间开销比较大。链表允许插入和移除表上任意位置上的结点,但是不允许随机存取。链表查找某个特定结点时,必须从头开始找,十分麻烦。链表有很多种不同的类型:单链表、双链表以及循环链表。

单链表结构如图 2.4 所示,其中 data 为数据域,存放数据元素;next 为指针域,存放其后继结点的地址。

data	next

图 2.4 单链表结构

单链表中结点类型的描述如下:

```
class Node:
    def __init__(self, data = None, next = None):
        self.data = data        # 数据域
        self.next = next        # 指针域
```

通常用头指针来标识一个单链表,例如有一个单链表 L,头指针为 NULL 时即表示 L 是一个空表。除此之外,为了便于对链表的操作,会在单链表第一个结点之前附加一个结点,称为头结点。头结点的数据域可以不设任何信息,也可以记录表长信息等信息。头结点的指针域指向线性表的第一个元素结点,如图 2.5 所示。

图 2.5 带头结点的单链表

引入头结点,有以下两个优点:

(1)第一个数据结点会被存放在头结点的指针域中,所以在处理链表第一个结点时,其操作和在表中其他位置的操作一致,无须特殊处理。例如在第一个位置插入新结点,没有头结点的链表需要先将原链表第一个结点作为新结点的指向结点,并且将新结点作为新的表头指针;而有头结点的链表只需将该新结点插入到头结点之后即可,不需要更新表头指针,与基本的插入操作无异。

(2)无论链表是否为空,其头指针都是指向头结点的非空指针,这样空表和非空表的处理就得到了统一。

2.3.2 单链表上基本操作的实现

1. 使用头插法建立单链表

该方法从一个空表开始,生产新结点,并将读取到的数据存放到新结点的数据域中,然后将新结点插入到当前链表的表头,即空白头结点之后,如图 2.6 所示。

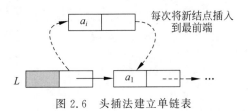

图 2.6 头插法建立单链表

头插法建立单链表的算法如下:

```python
def head_insert(self):
    x = int(input())              # 输入数据
    while x != -1:
        p = Node(x)
        p.next = self.head.next
        self.head.next = p        # 将新结点插入表中
        x = int(input())
```

当采用头插法来建立单链表时,单链表中元素的顺序和读入数据的顺序是相反的。在链表中,每个结点插入的时间复杂度为 $O(1)$,设单链表的长度为 n,则头插法的总时间复杂度为 $O(n)$。

可以试着思考一下,如果使用头插法建立没有头结点的单链表,代码会有怎样的变化?与带头结点的单链表相比,哪一个更易于使用,更易于理解?

2. 使用尾插法建立单链表

使用头插法建立的单链表中结点次序和输入数据的顺序不一致,若希望两者次序一致,可采用尾插法。尾插法是将新结点插入到当前链表的表尾,为此必须增加一个尾指针 rear,使其始终指向当前链表的尾结点。

尾插法建立单链表的算法如下:

```python
def tail_insert(self):
    rear = self.head
    x = int(input())                    # 输入数据
    while x != -1:
        p = Node(x)
        rear.next = p                   # 将新结点插入尾部
        rear = p
        x = int(input())
    rear.next = None
```

与头插法相比,尾插法增加了一个指向表尾结点的指针,故尾插法的时间复杂度与头插法相同。

3. 按值查找表结点

从单链表的第一个结点出发,顺着指针 next 逐个往下比较各结点数据域的值,若某结点数据域的值等于给定值 e,则返回该结点的位序,否则返回 -1。

按值查找表结点的算法如下:

```python
def find(self, e):
    cur = self.head.next
    count = 0                           # 记录当前位序
    while cur is not None:              # 逐一遍历
        if cur.data == e:
            return count                # 返回位序
        cur = cur.next
        count += 1
    return -1
```

在查找过程中,最坏需要遍历整个链表,故按值查找操作的时间复杂度为 $O(n)$。

4. 按位序查找表结点

从单链表的第一个结点出发,顺着指针 next 逐个往下查找到第 i 个($0 \leqslant i < n$,n 为链表长度)结点,若输入 i 合法,则返回该结点的数据域,否则返回 None。

按位序查找表结点的算法如下:

```python
def get(self, i):
    cur = self.head.next
    count = 0
    while cur is not None:              # 逐一遍历
        if count == i:
            return cur.data             # 返回结点
        cur = cur.next
        count += 1
    return None
```

5. 插入结点操作

插入结点操作将值为 x 的新结点插入单链表的第 i 个位置上。首先检查插入位置的合法性,然后找到待插入位置的前驱结点,即第 $i-1$ 个结点,再在其后面插入新结点,如图 2.7 所示。

图 2.7　单链表的插入操作

假设结点 p 为待插入的新结点,实现插入结点操作的代码片段如下:

```
cur = get(L, i - 1);          ＃查找待插入位置的前驱结点
p.next = cur.next             ＃步骤1,将新结点的next指针指向当前位置的后继结点
cur.next = p                  ＃步骤2,将当前位置的next指针指向新结点
```

完整的插入结点操作代码如下:

```
def insert(self, pos, e):
    if pos < 0:
        raise Exception("输入不合法,插入失败!")
    cur = self.head
    count = 0                 ＃ 记录当前位序
    while cur:                ＃ 查找结点
        if count == pos:
            p = Node(e)
            p.next = cur.next     ＃ 将新结点的next指针指向当前位置的后继结点
            cur.next = p          ＃ 将当前位置的next指针指向新结点
            return True
        cur = cur.next
        count += 1
    raise Exception("输入不合法,插入失败!")
```

在该算法中,需要注意的是步骤 1 必须要在步骤 2 之前,如果先执行步骤 2,将前驱结点的指针指向新结点 s,那么原来结点 p 后面的结点就都找不到了,无法再获取到后面的那些结点,故要注意链表的执行步骤顺序。该算法的主要时间开销在于去寻找第 $i-1$ 个元素,故插入结点操作的时间复杂度为 $O(n)$。但如果在给定的结点后面插入一个结点,那么此时的时间复杂度仅为 $O(1)$。

6. 删除结点操作

删除结点操作是将单链表的第 i 个结点删除。先检查删除位置的合法性,后查找表中第 $i-1$ 个结点,即被删结点的前驱结点,再将其删除,如图 2.8 所示。

```
def delete(self, i):
    if i < 0:
        raise Exception("输入不合法,删除失败!")
    cur = self.head
    count = 0
```

```
    while cur.next is not None:              # 查找结点
        if count == i:
            cur.next = cur.next.next
            return
        cur = cur.next
        count += 1
    raise Exception("输入不合法,删除失败!")
```

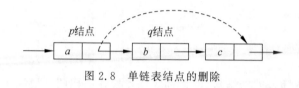

图 2.8   单链表结点的删除

与插入结点操作类似,删除结点操作主要耗费在查找上,故时间复杂度为 $O(n)$。

7. 求表长操作

求链表的长度就是统计单链表中结点的数量,需要从第一个结点开始遍历,直到遍历到最后一个结点。该过程需要设置一个计数器,每访问一个结点,计数器就 +1。求表长操作的算法如下:

```
def get_length(self):
    cur = self.head.next                    # cur 为单链表中第一个结点
    count = 0                               # 计数器
    while cur is not None:                  # 遍历单链表
        count += 1                          # 每访问一个结点,计数器 +1
        cur = cur.next
    return count
```

上述方法中,该单链表是带头结点的,如果是不带头结点的单链表,在求表长的操作中会有所不同。由于求表长操作需要遍历整个单链表,故该算法的时间复杂度为 $O(n)$。

【实例操作】

创建链表 3-6-4-7-4,在第 3 个位置插入数据域为 1 的结点;删除第一个结点;查找和输出第 4 个结点的值;查找和输出链表中第一个数据域为 4 的结点位置;输出目前链表的长度;输出进行上述操作后的链表。

```
class Node:
    def __init__(self, data = None, next = None):
        self.data = data                    # 数据域
        self.next = next                    # 指针域


class LinkList:
    def __init__(self):
        self.head = Node()

    # 头插法
    def head_insert(self):
        x = int(input())                    # 输入数据
        while x != -1:
```

```python
        p = Node(x)
        p.next = self.head.next
        self.head.next = p          # 将新结点插入表中
        x = int(input())

# 尾插法
def tail_insert(self):
    rear = self.head
    x = int(input())                # 输入数据
    while x != -1:
        p = Node(x)
        rear.next = p               # 将新结点插入尾部
        rear = p
        x = int(input())
    rear.next = None

# 判空
def is_empty(self):
    return self.head.next is None

# 按位序查询
def get(self, i):
    cur = self.head
    count = 0
    while cur is not None:          # 逐一遍历
        if count == i:
            return cur.data         # 返回结点
        cur = cur.next
        count += 1
    return None

# 按值查询
def find(self, e):
    cur = self.head.next
    count = 0                       # 记录当前位序
    while cur is not None:          # 逐一遍历
        if cur.data == e:
            return count            # 返回位序
        cur = cur.next
        count += 1
    return -1

# 插入
def insert(self, i, e):
    if i < 0:
        raise Exception("输入不合法,插入失败!")
    cur = self.head
    count = 0                       # 记录当前位序
    while cur:                      # 查找结点
        if count == i:
            p = Node(e)
```

15

```
            p.next = cur.next          # 将新结点的 next 指针指向当前位置的后继结点
            cur.next = p               # 将当前位置的 next 指针指向新结点
            return True
        cur = cur.next
        count += 1
    raise Exception("输入不合法,插入失败!")


# 删除
def delete(self, i):
    if i < 0:
        raise Exception("输入不合法,删除失败!")
    cur = self.head
    count = 0
    while cur.next is not None:        # 查找结点
        if count == i:
            cur.next = cur.next.next
            return
        cur = cur.next
        count += 1
    raise Exception("输入不合法,删除失败!")


# 获取表长
def get_length(self):
    cur = self.head.next               # cur 为单链表中第一个结点
    count = 0                          # 计数器
    while cur is not None:             # 遍历单链表
        count += 1                     # 每访问一个结点,计数器 + 1
        cur = cur.next
    return count


# 打印链表
def print_list(self):
    cur = self.head.next
    while cur:
        print(cur.data, end = ' ')     # 输出链表结点数据域,并以空格隔开
        cur = cur.next


m_list = LinkList()
m_list.tail_insert()                   # 使用尾插法建立链表
m_list.insert(3, 1)                    # 在第 3 个位置插入数据域为 1 的结点
m_list.delete(0)                       # 删除第一个结点
print(m_list.get(4))                   # 查找和输出第 4 个结点的值
print(m_list.find(4))                  # 查找和输出链表中第一个数据域为 4 的结点位置
print(m_list.get_length())            # 输出目前链表的长度
m_list.print_list()                    # 输出当前链表
```

【输入】

```
3
6
4
7
4
-1
```

【输出】

```
4
1
5
6 4 1 7 4
```

2.3.3 双链表

单链表只有一个指向其后继的指针,使得单链表只能从头到尾的顺序来遍历,在某些操作中会有一定的局限性。为克服单链表的局限性,故引入双链表结构。

双链表也叫双向链表,是链表的一种,它的每个数据结点中都有两个指针,分别指向直接后继和直接前驱,如图 2.9 所示。所以,从双向链表中的任意一个结点开始,都可以很方便地访问它的前驱结点和后继结点。

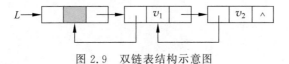

图 2.9　双链表结构示意图

双链表中结点类型的描述如下:

```
class DNode:
    def __init__(self, data = None, prior = None, next = None):
        self.data = data            # 数据域
        self.prior = prior          # 前驱指针
        self.next = next            # 后继指针
```

双链表由于增加了一个指向其前驱的 prior 指针,在插入和删除操作的实现上,与单链表有较大的不同。

1. 双链表的插入操作

假设在双链表中 p 所指的结点之后插入结点 s,其插入过程如图 2.10 所示。

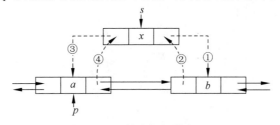

图 2.10　双链表插入结点过程

双链表插入操作的代码片段如下:

```
s.next = p.next                 # 步骤①
p.next.prior = s                # 步骤②
s.prior = p                     # 步骤③
p.next = s                      # 步骤④
```

上述代码的语句顺序不是唯一但不是任意的,不需要死记硬背。读者只要加深理解,便能写出正确的语句顺序。如果把题目改成在结点 p 之前插入结点 s,请读者思考具体的操作步骤。

双链表插入操作具体代码如下:

```
def insert(self, pos, e):
    if pos < 0:
        raise Exception("输入不合法,插入失败!")
    cur = self.head
    count = 0
    while cur:                       # 遍历双链表
        if count == pos:
            # 插入过程
            s = DNode(e)
            s.next = cur.next
            if cur.next is not None:    # 如果插入在尾部,由于下一个是 None 结点,不需要考虑
                                        prior 指针
                cur.next.prior = s
            s.prior = cur
            cur.next = s
            return
        cur = cur.next
        count += 1
    raise Exception("输入不合法,插入失败!")
```

2. 双链表的删除操作

假设删除在双链表中结点 p 的后继结点 q,双链表的删除操作如图 2.11 所示。

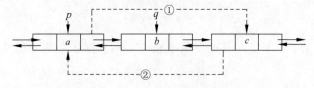

图 2.11　双链表删除结点过程

删除操作的代码片段如下:

```
p.next = q.next                 # 步骤①
q.next.prior = p                # 步骤②
```

删除操作的具体代码如下:

```
def delete(self, i):
    if i < 0:
```

```
            raise Exception("输入不合法,删除失败!")
cur = self.head
count = 0
while cur:                          # 遍历双链表
    if count == i:
        # 删除过程
        p = cur.next
        cur.next = p.next
        if p.next is not None:      # 如果在尾部删除,由于下一个是 None 结点,不需要考虑
                                    #   prior 指针
            p.next.prior = cur
        return
    cur = cur.next
    count += 1
raise Exception("输入不合法,删除失败!")
```

如果要删除结点 q 的前驱结点 p,请读者思考具体的操作步骤。

【实例操作】

假设有一双链表 $5=2=3=1$,进行如下操作:在双链表头部插入数据域为 6 的结点;删除第 2 个结点;删除最后一个结点;输出进行上述操作后的双链表。

```
class DNode:
    def __init__(self, data = None, prior = None, next = None):
        self.data = data            # 数据域
        self.prior = prior          # 前驱指针
        self.next = next            # 后继指针


    class DLinkList:
    def __init__(self):
        self.head = DNode()

    # 尾插法
    def tail_insert(self):
        rear = self.head
        x = int(input())
        while x != -1:
            p = DNode(x)
            rear.next = p
            p.prior = rear
            rear = rear.next
            x = int(input())
        rear.next = None

    # 插入操作
    def insert(self, pos, e):
        if pos < 0:
            raise Exception("输入不合法,插入失败!")
        cur = self.head
        count = 0
```

```
        while cur:                              # 遍历双链表
            if count == pos:
                # 插入过程
                s = DNode(e)
                s.next = cur.next
                if cur.next is not None:        # 如果插入在尾部,由于下一个是 None 结点,不需要
                                                #   考虑 prior 指针
                    cur.next.prior = s
                s.prior = cur
                cur.next = s
                return
            cur = cur.next
            count += 1
        raise Exception("输入不合法,插入失败!")


    # 删除操作
    def delete(self, i):
        if i < 0:
            raise Exception("输入不合法,删除失败!")
        cur = self.head
        count = 0
        while cur:                              # 遍历双链表
            if count == i:
                # 删除过程
                p = cur.next
                cur.next = p.next
                if p.next is not None:          # 如果在尾部删除,由于下一个是 None 结点,不需要
                                                #   考虑 prior 指针
                    p.next.prior = cur
                return
            cur = cur.next
            count += 1
        raise Exception("输入不合法,删除失败!")


    # 打印链表
    def print_list(self):
        cur = self.head.next
        while cur:
            print(cur.data, end = ' ')          # 输出链表结点数据域,并以空格隔开
            cur = cur.next


d_list = DLinkList()
d_list.tail_insert()                            # 使用尾插法建立链表
d_list.insert(0, 6)                             # 在双链表头部插入数据域为 6 的结点
d_list.delete(1)                                # 删除第 2 个结点
d_list.delete(3)                                # 删除最后一个结点
d_list.print_list()                             # 打印双链表
```

【输入】

```
5
3
2
1
-1
```

【输出】

```
6 3 2
```

2.3.4 循环链表

循环链表是另一种形式的链式存储结构。顾名思义,其特点是表中最后一个结点的指针域指向头结点,整个链表形成一个环。从循环链表的任意一个结点出发都可以找到链表中的其他结点,使得表处理更加方便灵活。循环链表可分为循环单链表和循环双链表。

1. 循环单链表

循环单链表和单链表的区别在于表中最后一个结点的指针不是 NULL,而是指向头结点,从而使整个链表形成一个环,如图 2.12 所示。

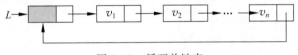

图 2.12　循环单链表

对于循环单链表,插入、删除操作与单链表基本一致。不同的是,由于循环单链表是一个环,因此在任何一个位置上的插入和删除操作都是等价的,无须判断结点是否为表尾。

在循环单链表 L 中,若循环单链表 L 为空,则 $L.\text{next}==L$;若结点 p 为尾结点,则 $p.\text{next}==L$。

2. 循环双链表

与循环单链表类似,在循环双链表中,头结点的 prior 指针还要指向表尾结点。在循环双链表 L 中,若循环双链表 L 为空,则 $L.\text{prior}==L$,$L.\text{next}==L$;若结点 p 为尾结点,则 $p.\text{next}==L$。

2.4　线性表相关算法设计与分析

【例 2.1】　合并链表

编写一个程序,将两个升序链表合并为一个新的升序链表并返回。新链表是通过拼接给定的两个链表的所有结点组成的。例如,现有两个升序链表分别为 2-5-7 和 1-4-8-11,合并后得到的新链表为 1-2-4-5-7-8-11。

【分析】

可以通过分别遍历链表 L_1 和 L_2 的方式来解决此问题。当 L_1 和 L_2 都不是空链表时,比较 L_1 和 L_2 目前的所遍历到的结点的值大小,将较小值的结点插入到结果链表中,直

到 L_1 或 L_2 上的所有结点都已经被插入进去。最后如果 L_1 或者 L_2 还有结点没被插入，只需单独把它的后续结点插入即可。

【算法】

首先，可以设定一个空头结点，维护一个 prev 指针，方便后续的操作。然后重复以下步骤，直到 L_1 或 L_2 为 None：

(1) 如果 L_1 当前结点的值小于等于 L_2，我们就把 L_1 当前的结点接在 prev 结点的后面同时将 L_1 往后移一位。否则，对 L_2 做同样的操作。

(2) 将 prev 后移一位。

在循环中止时，L_1 和 L_2 至多有一个是非空的，由于输入的两个链表都是有序的，所以不管哪个链表是非空的，它包含的所有元素都比前面已经合并链表中的所有元素都要大。故只需要简单地将非空链表接在合并链表的后面，并返回合并链表即可。

【代码】

```python
class Solution(object):
    def mergeTwoLists(self, l1, l2):
    head = ListNode(-1)              # 空头结点
        prev = head
        # 合并链表
        while l1 and l2:
            if l1.val <= l2.val:
                prev.next = l1
                l1 = l1.next
            else:
                prev.next = l2
                l2 = l2.next
            prev = prev.next
        if l1 is not None:           # 如果 l1 非空，将 l1 接在合并链表之后
            prev.next = l1
        if l2 is not None:           # 如果 l2 非空，将 l2 接在合并链表之后
            prev.next = l2
        return head.next
```

【复杂度分析】

时间复杂度：$O(n+m)$，其中 n 和 m 分别为两个链表的长度。每次循环中，两条链表只会有一个元素被合并进新链表中，故 while 循环最多也只能是两条链表的长度之和，因此时间复杂度为 $O(n+m)$。

空间复杂度：$O(1)$。只额外声明了一个头结点。

【例 2.2】 反转链表

编写一个程序，给定单链表的头结点 head，请反转链表，并返回反转后的链表的头结点。例如有一链表 5-7-3-1-2，反转后的链表为 2-1-3-7-5。

【分析】

可以通过遍历的方式来解决该问题。在遍历链表时，将当前结点的 next 指针改为指向前一个结点。在更改指针之前，需要存储后一个结点。循环这些步骤，直到遍历完整个链

表,最后返回新的头结点。

【代码】

```python
class Solution(object):
    def reverseList(self, head):
        prev = None
        while head:                 # 遍历链表
            p = head.next
            head.next = prev        # 指向前一个结点
            prev = head             # 成为新的头结点
            head = p                # 旧链表的下一个结点
        return prev
```

【复杂度分析】

时间复杂度：$O(n)$，其中 n 为链表的长度。该算法遍历了链表一次。

空间复杂度：$O(1)$。

小　结

（1）线性表是 n 个具有相同特性的数据元素的有限序列，线性表中数据元素之间的关系是一对一的关系，其实现方式主要为基于顺序存储的实现和基于链式存储的实现。

（2）线性表的顺序存储结构称为顺序表，可用 Python 中的列表实现，可对数据元素进行随机存取，时间复杂度为 $O(1)$，在插入或删除数据元素时，需要移动元素数组，时间复杂度为 $O(n)$。

（3）线性表的链式存储结构称为链表，链表不能直接访问给定位置上的数据元素，必须从头结点开始沿着后继结点进行遍历访问，时间复杂度为 $O(n)$。链表在插入和删除数据元素时，不需要移动任何数据元素，只需更改结点的指针域即可，时间复杂度为 $O(1)$。

（4）顺序表和链表有各自的优缺点，如表 2.3 所示。

表 2.3　顺序表与链表的比较

特　点	顺　序　表	链　表
优点	（1）可以进行随机存取； （2）地址连续，存储密度高； （3）实现简单，方便易用	（1）操作灵活，存储空间动态分配； （2）插入、删除效率高
缺点	（1）需要预先分配存储空间； （2）插入、删除效率低，操作不便	（1）存储密度低； （2）无法随机存取

（5）循环链表是将链表的首尾相接，即尾结点指向头结点，从而形成了一个环状的链表。

（6）双链表的结点具有两个指针域，一个指针指向前驱结点，一个指针指向后继结点，使得查找某个结点的前驱结点不需要从表头开始顺着链表依次进行查找，更方便对链表的操作，降低时间复杂度。

第3章　栈和队列

3.1　栈

3.1.1　栈的定义

栈(stack)又名堆栈,它是一种运算受限的线性表,限定仅在表尾进行插入和删除操作,如图 3.1 所示。一端称为栈顶,相对地,另一端称为栈底。向一个栈插入新元素又称作进栈、入栈或压栈,是把新元素放到栈顶元素的上面,使之成为新的栈顶元素;从一个栈删除元素又称作出栈或退栈,是把栈顶元素删除,使其相邻的元素成为新的栈顶元素。

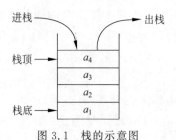

图 3.1　栈的示意图

栈作为一种数据结构,是一种只能在一端进行插入和删除操作的特殊线性表。它按照先进后出的原则存储数据,先进入的数据被压入栈底,最后进入的数据在栈顶,需要读数据时从栈顶开始弹出数据(最后一个数据被第一个读出来)。栈具有记忆作用,对栈的插入与删除操作中,不需要改变栈底指针。

栈是允许在同一端进行插入和删除操作的特殊线性表,栈底固定,而栈顶浮动;栈中元素个数为零时称为空栈。插入一般称为进栈(PUSH),删除则称为退栈(POP)。栈也称为先进后出表。

3.1.2　栈的顺序存储结构

1. 顺序栈的实现

采用顺序存储的栈称为顺序栈,它利用一组地址连续的存储单元存放自栈底到栈顶的数据元素,同时附设一个指针(top)指示当前栈顶元素的位置。

栈的顺序存储类型可描述为

```
class SqStack:
    def __init__(self, maxsize):
```

```
    self.maxSize = maxsize              # 栈的容量
    self.stack = [None] * self.maxSize  # 顺序栈初始化
    self.top = -1                       # 栈顶指针
```

栈顶指针：self.top，self.top 初始时设置为-1，栈顶元素为 self.stack[self.top]。

进栈操作：栈不满时，栈顶指针先+1，再给栈顶元素赋值。

出栈操作：栈非空时，先取得栈顶元素值，再将栈顶指针-1。

栈空条件：self.top==-1。

栈满条件：self.top==self.maxSize-1。

栈长：self.top+1。

顺序栈的入栈操作会受数组上界的约束，当数组空间不足时，会发生栈上溢的情况，此时程序应该能够及时判断并报告错误信息。

2. 顺序栈的基本操作

1）判栈空

判断栈顶指针是否等于-1。

```
def is_empty(self):
    return self.top == -1
```

2）进栈

栈不满时，栈顶指针先+1，再给栈顶元素赋值。

```
def push(self, x):
    if self.top == self.maxSize - 1:
        raise Exception("栈已满!")
    self.top += 1                # 栈顶指针+1
    self.stack[self.top] = x
```

3）出栈

栈非空时，先取得栈顶元素值，再将栈顶指针-1。

```
def pop(self):
    if self.top == -1:
        raise Exception("栈为空!")
    e - self.stack[self.top]     # 获取出栈的元素
    self.top -= 1                # 栈顶指针-1
    return e                     # 返回出栈元素
```

4）读取栈顶元素

栈非空时，栈顶元素为 stack[self.top]。

```
def get_top(self):
    if self.top == -1:
        raise Exception("栈为空!")
    return self.stack[self.top]
```

分析可得，入栈和出栈操作的实现为顺序表的尾插入和尾删除，时间复杂度为 $O(1)$。

【实例操作】

假设有一个容量为 5 的栈,进行如下操作:将 a,b,c,d,e 依次入栈;进行两次出栈操作并输出出栈元素;输出当前栈顶元素;将栈中剩余元素出栈并输出。

```python
class SqStack:
    def __init__(self, maxsize):
        self.maxSize = maxsize              # 栈的容量
        self.stack = [None] * self.maxSize  # 顺序栈初始化
        self.top = -1                       # 栈顶指针

    # 判栈空
    def is_empty(self):
        return self.top == -1

    # 进栈
    def push(self, x):
        if self.top == self.maxSize - 1:
            raise Exception("栈已满!")
        self.top += 1                       # 栈顶指针 + 1
        self.stack[self.top] = x

    # 出栈
    def pop(self):
        if self.top == -1:
            raise Exception("栈为空!")
        e = self.stack[self.top]            # 获取出栈的元素
        self.top -= 1                       # 栈顶指针 - 1
        return e                            # 返回出栈元素

    # 获取栈顶元素
    def get_top(self):
        if self.top == -1:
            raise Exception("栈为空!")
        return self.stack[self.top]

    # 打印出栈顺序
    def clear_print(self):
        while self.top != -1:
            print(self.pop(), end = '')


stk = SqStack(5)
stk.push('a')                               # 入栈
stk.push('b')                               # 入栈
stk.push('c')                               # 入栈
stk.push('d')                               # 入栈
stk.push('e')                               # 入栈
print(stk.pop())                            # 出栈
print(stk.pop())                            # 出栈
print(stk.get_top())                        # 输出栈顶元素
```

```
stk.clear_print()                          ♯ 输出剩余元素出栈顺序
```

【输出】

```
e
b
c
c b a
```

3.1.3 栈的链式存储结构

1. 链栈的实现

采用链式存储的栈称为链栈。链栈相比于顺序栈的优点在于便于多个栈共享存储空间和提高其效率,且不存在栈满上溢的情况。链栈通常采用单链表来实现,规定栈的所有操作都在单链表的表头进行,如图 3.2 所示。

图 3.2　栈的链式存储

由于入栈和出栈只能在栈顶进行,不存在在栈的任意位置进行插入和删除的操作,所以不需要设置空头结点,只需将指针 top 指向栈顶结点,每个结点的指针域指向其后继结点即可。

栈的链式存储类型可描述为

```
class Node:
    def __init__(self, data = None, next = None):
        self.data = data                   ♯ 数据域
    self.next = next                       ♯ 指针域
```

栈顶指针:self.top,self.top 初始时设置为 None,栈顶元素值为 self.top.data。

进栈操作:将新结点插入链栈的栈顶。

出栈操作:将链栈的栈顶更新成其后继结点。

2. 链栈的基本操作

1) 判栈空

top 为 None 时,即为栈空。

```
def is_empty(self):
    return self.top is None
```

2) 进栈

将数据域值为 x 的结点插入链栈的栈顶。

```
def push(self, e):
        p = Node(e, self.top)             ♯ 构造新结点,并使其指向栈顶结点
        self.top = p                       ♯ 将新结点更新为栈顶结点
```

3) 出栈

删除栈顶结点,即将链栈的栈顶更新成其后继结点。

```
    def pop(self):
        if self.is_empty():
            raise Exception("栈为空!")
        p = self.top                        # 获取栈顶元素
        self.top = self.top.next            # 将栈顶元素指向后一位
        return p.data                       # 返回出栈结点的数据域值
```

分析可得，入栈和出栈操作的实现为单链表的头插入和头删除，时间复杂度为 $O(1)$。

【实例操作】

假设有一链栈，进行如下操作：依次将 a,b,c,d 入栈；出栈并输出出栈结点数据域值；将 f 入栈；输出目前链栈中各结点的数据域值。

```
class Node:
    def __init__(self, data = None, next = None):
        self.data = data                # 数据域
        self.next = next                # 指针域


class LinkStack:
    def __init__(self):
        self.top = None                 # 指向栈顶元素结点

    # 判空
    def is_empty(self):
        return self.top is None

    # 入栈
    def push(self, e):
        p = Node(e, self.top)           # 构造新结点,并使其指向栈顶结点
        self.top = p                    # 将新结点更新为栈顶结点

    # 出栈
    def pop(self):
        if self.is_empty():
            raise Exception("栈为空!")
        p = self.top                    # 获取栈顶元素
        self.top = self.top.next        # 将栈顶元素指向后一位
        return p.data                   # 返回出栈结点的数据域值

    # 打印栈中所有元素
    def print_stack(self):
        p = self.top
        while p is not None:
            print(p.data, end = ' ')
            p = p.next


l_stack = LinkStack()
l_stack.push('a')                       # 入栈
l_stack.push('b')                       # 入栈
```

```
l_stack.push('c')                    ＃ 入栈
l_stack.push('d')                    ＃ 入栈
print(l_stack.pop())                 ＃ 出栈
l_stack.push('f')                    ＃ 入栈
l_stack.print_stack()                ＃ 输出目前链栈中各结点的数据域值(从栈顶到栈底)
```

【输出】

```
d
f c b a
```

3.2　队　　列

3.2.1　队列的定义

队列是一种特殊的线性表,特殊之处在于它只允许在表的前端(front)进行删除操作,而在表的后端(rear)进行插入操作。和栈一样,队列是一种操作受限制的线性表。进行插入操作的端称为队尾,进行删除操作的端称为队头。队列中没有元素时,称为空队列。

队列的数据元素又称为队列元素。在队列中插入一个队列元素称为入队,从队列中删除一个队列元素称为出队。因为队列只允许在一端插入,在另一端删除,所以只有最早进入队列的元素才能最先从队列中删除,故队列又称为先进先出(First In First Out,FIFO)线性表,如图3.3所示。

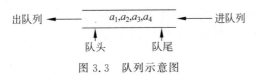

图 3.3　队列示意图

3.2.2　队列的顺序存储结构

1. 队列的顺序存储

顺序队列的存储结构与顺序栈类似,可用列表实现,因为入队和出队操作分别在队尾和队首进行,所以附设两个指针:队头指针 front 指向队头元素,队尾指针 rear 指向队尾元素的下一个位置。

队列的顺序存储类型及基本操作描述如下:

```
class SqQueue:
    def __init__(self, maxsize):
        self.maxSize = maxsize              ＃ 队列的容量
        self.queue = [None] * self.maxSize  ＃ 队列初始化
        self.front = 0                       ＃ 指向队首元素
        self.rear = 0                        ＃ 指向队尾元素的下一个位置

    ＃ 清空队列
    def clear(self):
        self.front = 0
```

```
        self.rear = 0

    # 判空
    def is_empty(self):
        return self.rear == self.front

    # 统计个数
    def length(self):
        return self.rear - self.front

    # 入队
    def push(self, e):
        if self.rear == self.maxSize:
            raise Exception("队列上溢!")
        self.queue[self.rear] = e      # 送值到队尾元素
        self.rear += 1                 # 队尾指针 + 1

    # 出队
    def pop(self):
        if self.is_empty():
            return
        e = self.queue[self.front]     # 获取出队元素
        self.front += 1                # 队头指针 + 1
        return e
```

初始状态（队空条件）：self.front == self.rear == 0。

进队操作：队不满时，先送值到队尾元素，再将队尾指针 +1。

出队操作：队不空时，先取队头元素值，再将队头指针 +1。

假设有一容量为 5 的队列，依次将 a,b,c,d,e 入队，然后出队两次，此时 self.rear == self.maxSize，如图 3.4 所示。若还要插入新的元素，则要发生"上溢"，但实际上队列中还有两个空位置，所以这种溢出称为"假溢出"。

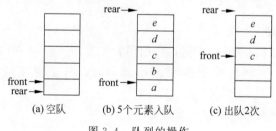

(a) 空队　　　　(b) 5 个元素入队　　　　(c) 出队 2 次

图 3.4　队列的操作

克服假溢出的方法有两种。一种是将队列中的所有元素均向低地址区移动，显然这种方法是很浪费时间的；另一种方法是将数组存储区看成一个首尾相接的环形区域，当存放到 n 地址后，下一个地址就"翻转"为 1。在结构上采用这种方法来存储的队列称为循环队列。

2. 循环队列

循环队列就是将队列存储空间的最后一个位置绕到第一个位置，形成逻辑上的环状空间，供队列循环使用。在循环队列结构中，当存储空间的最后一个位置已被使用而再要进入队运算时，只需要存储空间的第一个位置空闲，便可将元素加入到第一个位置，即将存储空间的第一个位置作为队尾。循环队列可以更简单防止假溢出的发生,但队列大小是固定的。

当队首指针 front＝MaxSize －1 后,再前进一个位置就自动到了 0,这可以通过除法取余运算(%)来实现。

初始状态：front＝＝rear＝＝0。

队首指针进 1：front＝(front＋1)% MaxSize。

队尾指针进 1：rear＝(rear＋1)% MaxSize。

队列长度：(rear＋MaxSize－front)% MaxSize。

队空条件：front＝＝rear。

假设有一个长度为 6 的循环队列,其初始状态是 front＝＝rear＝＝0,各种操作后队列的头、尾指针的状态变化情况如图 3.5 所示。

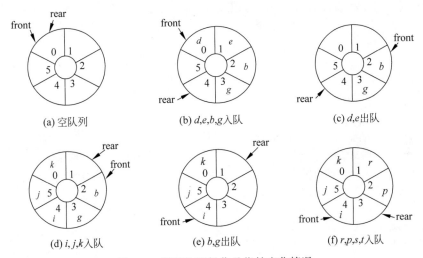

图 3.5　循环队列操作及指针变化情况

入队时尾指针向前追赶头指针,出队时头指针向前追赶尾指针,故队空和队满时头尾指针均相等。因此,无法通过 front＝＝rear 来判断循环队列是空还是满。

为了区分队空还是队满的情况,有以下三种处理方法：

(1) 牺牲一个单元来区分队空和队满,入队时少用一个队列单元,当队头指针在队尾指针的下一个位置时则表示队满。这是一种较为普遍的方法。应用该方法后：

队满条件：(rear＋1)% MaxSize＝＝front。

队空条件不变：front＝＝rear。

队列中元素的个数：(rear＋MaxSize－front)% MaxSize。

(2) 类型中增设表示元素个数的数据成员。这样当 front＝＝rear 时,只需根据该数据成员来判断队列队空还是队满。当 size＝＝0 时,则表示队空；当 size＝＝MaxSize 时,则表示队满。

(3) 类型中增设 tag 数据成员。当 tag＝0 时,若因删除导致 front＝＝rear 则为队空；当 tag＝1 时,若因插入导致 front＝＝rear 则为队满。

循环队列存储结构的描述如下(使用上述第一种处理方法)：

```
class CircleQueue:
    def __init__(self, maxsize):
```

```
        self.maxSize = maxsize                              # 队列的容量
        self.queue = [None] * self.maxSize                  # 队列初始化
        self.front = 0                                      # 指向队首元素
        self.rear = 0                                       # 指向队尾元素的下一个位置
```

3. 循环队列的基本操作

1）判队空

当 self. rear==self. front 时，队列为空。

```
    def is_empty(self):
        return self.rear == self.front
```

2）获取表长

在循环队列中，表长为(self. rear−self. front+self. maxSize)％ self. maxSize。

```
def get_length(self):
    return (self.rear - self.front + self.maxSize) % self.maxSize
```

3）入队

```
def push(self, e):
    if (self.rear + 1) % self.maxSize == self.front:
        raise Exception("队列已满!")
    self.queue[self.rear] = e                              # 送值到队尾元素
    self.rear = (self.rear + 1) % self.maxSize             # 队尾指针 + 1
```

4）出队

```
def pop(self):
    if self.is_empty():
        return None
    e = self.queue[self.front]                             # 获取出队元素
    self.front = (self.front + 1) % self.maxSize           # 队头指针 + 1
    return e
```

【实例操作】

假设有一容量为 5 的循环队列，进行如下操作：将 a,b,c,d,e 入队；进行三次出队操作并输出出队元素；将 f,g,h 入队；输出当前队列中所有的元素。

```
class CircleQueue:
    def __init__(self, maxsize):
        self.maxSize = maxsize                              # 队列的容量
        self.queue = [None] * self.maxSize                  # 队列初始化
        self.front = 0                                      # 指向队首元素
        self.rear = 0                                       # 指向队尾元素的下一个位置

    # 判空
    def is_empty(self):
        return self.rear == self.front

    # 获取表长
    def get_length(self):
```

```python
        return (self.rear - self.front + self.maxSize) % self.maxSize

    # 入队
    def push(self, e):
        if (self.rear + 1) % self.maxSize == self.front:
            raise Exception("队列已满!")
        self.queue[self.rear] = e                      # 送值到队尾元素
        self.rear = (self.rear + 1) % self.maxSize     # 队尾指针 + 1

    # 出队
    def pop(self):
        if self.is_empty():
            return None
        e = self.queue[self.front]                     # 获取出队元素
        self.front = (self.front + 1) % self.maxSize   # 队头指针 + 1
        return e

    # 输出队列中的所有元素
    def print_queue(self):
        pos = self.front
        while pos != self.rear:
            print(self.queue[pos], end = ' ')
            pos = (pos + 1) % self.maxSize


cq = CircleQueue(5)
cq.push('a')                                           # 入队
cq.push('b')                                           # 入队
cq.push('c')                                           # 入队
cq.push('d')                                           # 入队
print(cq.pop())                                        # 出队
print(cq.pop())                                        # 出队
print(cq.pop())                                        # 出队
cq.push('e')                                           # 入队
cq.push('f')                                           # 入队
cq.push('g')                                           # 入队
cq.print_queue()                                       # 输出队列中的所有元素
```

【输出】

```
a
b
c
d e f g
```

3.2.3 队列的链式存储结构

1. 队列的链式存储

在队列的形成过程中,可以利用线性链表的原理生成一个队列。链式队列可以看成一个同时带有队头指针和队尾指针的单链表。基于链表的队列,要动态创建和删除结点,可以动态增长队列长度。

队列的链式存储类型的描述如下:

```
class Node:
    def __init__(self, data = None, next = None):
        self.data = data                      # 数据域
        self.next = next                      # 后继指针


class LinkQueue:
    def __init__(self):
        self.front = Node()                   # 队列头结点指针
        self.rear = self.front                # 队尾指针
```

链式队列通常设计成一个带头结点的单链表,这样插入和删除操作可以做到统一。链式队列特别适合于数据元素变动比较大的情况,而且不存在队列满且产生溢出的问题。

2. 链式队列的基本操作

1) 判队空

当 front==rear 时,队列为空。

```
def is_empty(self):
    return self.front == self.rear
```

2) 入队

```
def push(self, e):
    p = Node(e)
    self.rear.next = p                        # 将新结点插入队尾
    self.rear = p                             # 更新队尾指针
```

3) 出队

```
def pop(self):
    if self.front == self.rear:
        raise Exception("队列已空!")
    p = self.front.next                       # 获取队列第一个元素
    self.front.next = p.next                  # 删除该元素
    if self.rear == p:                        # 如果原队列只有一个结点,删除后变空队
        self.rear = self.front
    return p.data                             # 返回出队结点的数据域
```

【实例操作】

假设有一个链式队列,进行如下操作:将 a,b 入队;进行两次出队操作并输出出队元素;将 c,d 入队;输出当前队列中所有的元素。

```
class Node:
    def __init__(self, data = None, next = None):
        self.data = data                      # 数据域
        self.next = next                      # 后继指针


class LinkQueue:
```

```python
    def __init__(self):
        self.front = Node()                          # 队列头结点指针
        self.rear = self.front                       # 队尾指针

    # 判空
    def is_empty(self):
        return self.front == self.rear

    # 入队
    def push(self, e):
        p = Node(e)
        self.rear.next = p                           # 将新结点插入队尾
        self.rear = p                                # 更新队尾指针

    # 出队
    def pop(self):
        if self.front == self.rear:
            raise Exception("队列已空!")
        p = self.front.next                          # 获取队列第一个元素
        self.front.next = p.next                     # 删除该元素
        if self.rear == p:                           # 如果原队列只有一个结点,删除后变空队
            self.rear = self.front
        return p.data                                # 返回出队结点的数据域

    # 输出队列中的元素
    def print_queue(self):
        if self.front == self.rear:
            return
        cur = self.front.next
        while cur != self.rear:
            print(cur.data, end = ' ')
            cur = cur.next
        print(cur.data)


lq = LinkQueue()
lq.push('a')                                         # 入队
lq.push('b')                                         # 入队
print(lq.pop())                                      # 出队
print(lq.pop())                                      # 出队
lq.push('c')                                         # 入队
lq.push('d')                                         # 入队
lq.print_queue()                                     # 输出队列中的所有元素
```

【输出】

```
a
b
c d
```

3.3 栈与队列相关算法设计与分析

【例 3.1】 括号匹配

给定一个字符串,它只包含'(','')',,'[',']',,'{','}',,判断该字符串的有效性。有效字符串需满足以下两点:①左括号必须用相同类型的右括号闭合;②左括号必须以正确的顺序闭合。例如,[(])或(()]是无效的字符串,[(())]是有效的字符串。

【分析】

根据题意,如果字符串长度为奇数则一定是无效的,可以在遍历字符串之前,先做奇偶性的判断。在遍历给定的字符串的过程中,当遇到一个左括号时,会期望在后续的遍历中有一个相同类型的右括号将其闭合。而且位置靠后的左括号将会先于前面的左括号被闭合,故该问题符合栈的先进后出特性,适合用栈来解决该问题。

在遍历字符串中,当遇到左括号时,先将这个左括号放入栈中。当遇到一个右括号时,只需取出当前的栈顶元素,判断是否与该右括号匹配。假如不是相同的括号类型,或者栈中并没有左括号,那么该字符串一定是无效的。

在匹配过程中,可以使用 Python 中的字典来存储每一种括号。字典的键为右括号,值为相同类型的左括号。

在遍历结束后,如果栈中没有左括号,说明字符串中的所有左括号已闭合,返回 True,否则返回 False。

【算法】

首先对字符串长度做奇偶性的判断。如果是偶数则接下来遍历字符串:

(1) 如果括号是左括号,则入栈。

(2) 否则通过字典判断括号对应关系,若栈顶出栈的括号与当前遍历括号不对应,则提前返回 False。

遍历结束后,如果栈中没有括号,说明字符串中的所有左括号已闭合,字符串是有效的,返回 True,否则返回 False。

【代码】

```python
class Solution(object):
    def isValid(self, s):
        if len(s) % 2 == 1:                        # 奇偶性判断
            return False
        dic = {')' : '(', ']' : '[', '}' : '{'}    # 创建字典
        stack = []                                 # 创建以列表表示的栈
        for ch in s:                               # 遍历字符串
            if ch in dic:
                if not stack or stack[-1] != dic[ch]:   # 将当前字符与栈顶字符比较
                    return False
                stack.pop()                        # 出栈
            else:
                stack.append(ch)                   # 入栈
        return not stack                           # 是空栈返回 True,否则返回 False
```

【复杂度分析】

时间复杂度：$O(n)$，其中 n 为字符串的长度。该算法遍历了一次字符串。

空间复杂度：$O(n+|\Sigma|)$，其中栈中的字符数量为 $O(n)$，Σ 为字典的空间数量。本题只包含 6 种括号，故 $|\Sigma|=6$。

【例 3.2】 后缀表达式(逆波兰表达式)求值

根据后缀表达式(逆波兰表达式)，求表达式的值。有效的运算符包括＋、－、＊、/。例如，有一后缀表达式为 3 9 3 / ＋，转化为中缀表达式为 3＋9/3，结果为 6。

【分析】

后缀表达式的特点是运算符总是放在和它相关的操作数之后，并且严格遵循从左到右的运算。由于运算符总是在操作数之后，可以利用栈的先进后出规律，在遇到操作数时先入栈，遇到运算符时再从栈中取出两个操作数进行运算。

【算法】

遍历后缀表达式里的每一个字符：

(1) 如果遇到操作数，则将操作数入栈。

(2) 如果遇到运算符，则从栈中取出两个操作数，其中先出栈的是右操作数，后出栈的是左操作数，使用该运算符对这两个操作数进行运算，将得出的结果重新压入栈中。

遍历完毕后，栈中只剩下一个操作数，该数就是后缀表达式的值。

【代码】

```python
class Solution(object):
    def evalRPN(self, tokens):
        stack = []                          # 初始化栈
        for ch in tokens:                   # 遍历表达式
            if ch not in " +- * /":         # 如果是操作数则入栈
                stack.append(int(ch))
            else:                           # 如果是运算符
                b = stack.pop()             # 右操作数
                a = stack.pop()             # 左操作数
                if ch == '+':
                    stack.append(a + b)
                elif ch == '-':
                    stack.append(a - b)
                elif ch == '*':
                    stack.append(a * b)
                elif ch == '/':
                    stack.append(int(a / b))
        return stack.pop()                  # 返回栈最后一个元素,即值
```

【复杂度分析】

时间复杂度：$O(n)$，其中 n 是后缀表达式的长度。算法中需要遍历后缀表达式一次。

空间复杂度：$O(n)$，其中 n 是后缀表达式的长度。栈中的元素数量不会超过后缀表达式的长度。

【例 3.3】 用队列模拟栈

使用两个先入先出队列模拟栈。栈应当支持一般栈支持的所有操作(入栈、出栈、获取

栈顶元素、判栈空）。

【分析】

可用对象为两个先入先出的队列，故可以考虑把两个队列分为主队列和副队列。假如入栈顺序为 a，b，首先要保证主队列前端元素一定是 b，即满足队列前端的元素是最后入栈的元素。当将 a 入栈时，可以先把 a 插入到副队列，由于是第一个元素，此时元素在队列里的顺序就是栈的顺序，故可以把该副队列设为主队列，另一个空主队列设为副队列，相当于将两个队列进行了交换，如图 3.6(a) 所示。当 b 入栈时，此时主队列有 a，副队列为空，可先把 b 入队到副队列中，再将主队列的元素依次出队并入队到副队列，直到主队列清空，然后交换主队列和副队列，如图 3.6(b) 所示。此时主队列元素为 b，a，副队列为空，主队列的元素顺序恰好符合栈的顺序。当栈出栈时，只需将主队列出队一个元素即可，如图 3.6(c) 所示。故栈的入栈和出栈操作可以通过两个队列这样的操作来模拟。

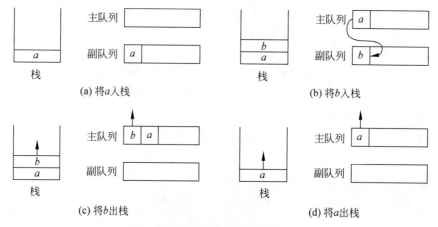

(a) 将 a 入栈   (b) 将 b 入栈

(c) 将 b 出栈   (d) 将 a 出栈

图 3.6　队列模拟栈过程

【算法】

入栈：

（1）在副队列中入队新元素。

（2）将主队列中所有元素依次出队并入队到副队列中。

（3）将主队列和副队列交换。

出栈：将主队列出队。

栈顶元素：即主队列队头元素。

判栈空：即判主队列队空。

【代码】

为简略代码，本代码使用了 Python 里 collections 库中的 deque 结构来实现队列。读者可以查阅相关资料了解 deque 结构的方法。

```python
class MyStack:
    def __init__(self):
        self.queue1 = collections.deque()        # 主队列
        self.queue2 = collections.deque()        # 副队列
```

```
# 入栈
def push(self, x):
    self.queue2.append(x)                              # 先入队到副队列
    while self.queue1:                                 # 将主队列元素依次出队并入队到副队列
        self.queue2.append(self.queue1.popleft())
    self.queue1, self.queue2 = self.queue2, self.queue1    # 交换主副队列

# 出栈
def pop(self):
    return self.queue1.popleft()                       # 主队列出队

# 栈顶元素
def top(self):
    return self.queue1[0]                              # 返回主队列队头

# 判空
def empty(self):
    return not self.queue1                             # 判主队列队空
```

小　　结

（1）栈是一种特殊的线性表，它只允许在栈顶进行插入和删除操作，具有后进先出的特性，插入和删除操作的时间复杂度都为 $O(1)$。栈可以采用顺序存储结构和链式存储结构。

（2）队列也是一种特殊的线性表，它只允许在表头进行删除操作，在表尾进行插入操作，具有先进先出的特性，插入和删除操作的时间复杂度都为 $O(1)$。队列可以采用顺序存储结构和链式存储结构。

（3）栈和队列的相同点与不同点如表 3.1 所示。

表 3.1　栈和队列的比较

相同点	（1）都是线性结构，数据元素间是"一对一"的逻辑关系； （2）都有顺序存储结构和链式存储结构两种实现方式； （3）都有各自的操作规则，栈是后进先出，队列是先进先出； （4）插入和删除操作的时间复杂度都为 $O(1)$
不同点	栈的删除操作在表尾进行，具有先进后出的特性；队列的删除操作在表头进行，具有先进先出的特性

（4）循环队列是将顺序队列的头结点和尾结点相连，能够有效解决"假溢出"现象的发生。

第4章 串

4.1 串的基本介绍

4.1.1 串的基本概念

串(string)是由零个或多个字符组成的有限序列。记作：$S = 'a_1a_2a_3\cdots a_n'$，其中 S 是串名，$a_i(1 \leqslant i \leqslant n)$ 可以是字母、数字或其他字符。串中所包含的字符个数为该串的长度。长度为零的串称为空串，它不包含任何字符。

串中任意个连续的字符组成的子序列称为该串的子串。包含子串的串相应地称为主串。通常，子串在主串中第一次出现时，子串的第一次字符在主串中的序号，定义为子串在主串中的序号。如果两个串的串值相等(相同)，称这两个串相等。换言之，只有当两个串的长度相等，且各个对应位置的字符都相同时两个串才相等。

需要注意的是，由一个空格或多个空格组成的串并不是空串，而称为空格串，其长度为串中空格字符的个数。

串的基本操作有以下几个。

赋值操作：将串 T 赋值为 chars。

复制操作：由串 S 复制得到串 T。

判空操作：若串 S 为空串返回 True，否则返回 False。

比较操作：若串 S > 串 T，则返回正数；若串 S == 串 T，则返回 0；若串 S < 串 T，则返回负数。

求串长操作：返回串 S 的元素个数。

串联接操作：将串 T 连接到串 S 后形成新串存放到 S 中。

求子串操作：用 sub 返回串 S 的第 pos 个字符起长度为 len 的子串。

清空操作：将串 S 清空为空串。

串是一种特殊的线性表，其存储表示和线性表类似，但又不完全相同。串的存储方式取决于将要对串进行的操作。串在 Python 语言中有两种实现方式：一种是基于顺序存储的实现，称为顺序串；另一种是基于链式存储的实现，称为链串。

4.1.2 串的顺序存储结构

1. 串的顺序存储

串的顺序存储结构类似于线性表的顺序存储结构，但它们的逻辑结构一致，均可用列表来存储数据元素。

顺序存储表示的串描述如下：

```
class SqString:
    def __init__(self, obj = None):
        if obj is None:                            # 如果初始化没输入参数
            self.string = []                       # 初始化顺序串
            self.curLen = 0                        # 初始长度为 0
        elif isinstance(obj, str):                 # 如果初始化参数为 Python 中的字符串
            self.curLen = len(obj)                 # 获取输入字符串的长度
            self.string = [None] * self.curLen     # 初始化顺序串
            for i in range(self.curLen):           # 将输入字符串复制到顺序串
                self.string[i] = obj[i]
```

2. 顺序串的基本操作

1) 插入操作

插入操作 insert(self，pos，substr)是在长度为 n 的顺序串的第 pos 个元素之前插入串 substr，其中 $0 \leqslant pos \leqslant n$。插入操作的主要步骤为：

（1）判断参数 pos 是否满足 $0 \leqslant pos \leqslant n$，不满足则抛出异常。

（2）扩充顺序串的长度为 $n + m$，其中 m 为插入子串 substr 的长度。

（3）将第 pos 个及之后的数据元素向后移动 m 个位置。

（4）将子串 substr 插入到从 pos 开始的位置。

（5）更新顺序串长度 curLen。

插入操作的算法如下：

```
def insert(self, pos, substr):
    if pos < 0 or pos > self.curLen:
        raise Exception("插入位置不合法!")
    length = len(substr)                          # 获取子串长度
    for i in range(length):                       # 扩充顺序串长度
        self.string.append(None)
    for j in range(self.curLen - 1, pos - 1, -1): # 先将位置 pos 及之后的元素数据向后移动
        self.string[j + length] = self.string[j]
    for j in range(pos, pos + length):            # 将子串插入到顺序串从 pos 开始的位置
        self.string[j] = substr[j - pos]
    self.curLen += length                         # 更新顺序串长度
```

2) 删除操作

删除操作 delete(self，begin，end)是将长度为 n 的顺序串中的位序号为 begin 到 end-1 的元素删除，其中 begin 满足 $0 \leqslant pos \leqslant curLen-1$，end 满足 begin$<$end $\leqslant curLen$。删除操作的主要步骤为：

（1）判断参数 begin 和 end 是否满足 $0 \leqslant pos \leqslant curLen-1$，begin$<end\leqslant curLen$，若不满足则抛出异常。

（2）将顺序串位序为 end 的数据元素及其之后的数据元素向前移动到从 begin 开始的位置。

（3）更新顺序串长度 curLen。

删除操作的算法如下：

```python
def delete(self, begin, end):
    if begin < 0 or begin >= end or end > self.curLen:
        raise Exception("输入参数不合法!")
    for i in range(begin, self.curLen - end + begin):    # 将 end 及其后的元素移动到 begin
                                                          #   的位置
        self.string[i] = self.string[i + end - begin]
    self.curLen -= end - begin                            # 更新顺序串长度
```

3）取子串操作

取子串操作 get_substring(self,begin,end) 是返回长度为 n 的顺序串中位序号为 begin 到 end-1 的字符序列,其中 $0 \leqslant begin \leqslant n-1$, begin$<end\leqslant n$。取子串操作的主要步骤为：

（1）判断参数 begin 和 end 是否满足 $0 \leqslant begin \leqslant n-1$, begin$<end\leqslant n$,若不满足则抛出异常。

（2）返回位序号为 begin 到 end-1 的字符序列。

取字串操作的算法如下：

```python
def get_substring(self, begin, end):
    if begin < 0 or begin >= end or end > self.curLen:
        raise Exception("输入参数不合法!")
    res = [None] * (end - begin)              # 初始化子串
    for i in range(begin, end):               # 将顺序栈的片段复制到子串
        res[i - begin] = self.string[i]
    return res                                # 返回子串
```

4）拼接操作

拼接操作是将串 substr 拼接到顺序串的尾部,即相当于将串 substr 插入到顺序串的尾部。该操作调用 insert(self, curLen, str)方法即可实现。

5）比较操作

比较操作 compare(self, other) 是将顺序串与串 other 按照字典序比较。如果顺序串较大,则返回 1；如果顺序串较小,则返回-1；如果两串相等,则返回 0。字典序的比较规则如下：

（1）字典序是基于字符顺序排列的。

（2）不同排列的先后关系是从左到右逐个比较对应的字符顺序的先后来决定的。

（3）如果比较完某一字符串时,则字符串较长的字典序会较大；如果一样长,则表示两串相等。

比较操作的算法如下：

```python
def compare(self, other):
    length = self.curLen if self.curLen < len(other) else len(other)    # 取两串较短的长度
    for i in range(length):                                             # 逐个字符比较
        if self.string[i] > other[i]:
            return 1
        if self.string[i] < other[i]:
            return -1
    if self.curLen > len(other):                                        # 如果比较部分都相同,则较长的串大
```

```
            return 1
        elif self.curLen < len(other):
            return - 1
        return 0                                    # 如果串长也相等,则两串相等
```

【实例操作】

假设有一顺序串"*asd*",进行如下操作:将串"132"插入到索引位置为 2 的位置并输出顺序串;将顺序串中位序号为 0~2 的字符删除并输出顺序串;输出位序号为 1~2 的子串;与串"32*d*"比较并输出比较结果。

```
class SqString:
    def __init__(self, obj = None):
        if obj is None:                             # 如果初始化没有输入参数
            self.string = []                        # 初始化顺序串
            self.curLen = 0                         # 初始长度为 0
        elif isinstance(obj, str):                  # 如果初始化参数为 Python 中的字符串
            self.curLen = len(obj)                  # 获取输入字符串的长度
            self.string = [None] * self.curLen      # 初始化顺序串
            for i in range(self.curLen):            # 将输入字符串复制到顺序串
                self.string[i] = obj[i]


    # 插入子串操作
    def insert(self, pos, substr):
        if pos < 0 or pos > self.curLen:
            raise Exception("插入位置不合法!")
        length = len(substr)                        # 获取子串长度
        for i in range(length):                     # 扩充顺序串长度
            self.string.append(None)
        for j in range(self.curLen - 1, pos - 1, - 1):
    # 先将位置 pos 及之后的元素数据向后移动
            self.string[j + length] = self.string[j]
        for j in range(pos, pos + length):
    # 将子串插入到顺序串从 pos 开始的位置
            self.string[j] = substr[j - pos]
        self.curLen += length                       # 更新顺序串长度


    # 删除操作
    def delete(self, begin, end):
        if begin < 0 or begin >= end or end > self.curLen:
            raise Exception("输入参数不合法!")
        for i in range(begin, self.curLen - end + begin):
    # 将 end 及其后的元素移动到 begin 的位置
            self.string[i] = self.string[i + end - begin]
        self.curLen -= end - begin                  # 更新顺序串长度


    # 取得子串
    def get_substring(self, begin, end):
        if begin < 0 or begin >= end or end > self.curLen:
            raise Exception("输入参数不合法!")
        res = [None] * (end - begin)                # 初始化子串
```

```
        for i in range(begin, end):                    # 将顺序栈的片段复制到子串
            res[i - begin] = self.string[i]
        return res                                      # 返回子串

    # 连接操作
    def concat(self, substr):
        self.insert(self.curLen, substr)                # 将子串插入顺序串的末尾

    # 比较操作
    def compare(self, other):
        length = self.curLen if self.curLen < len(other) else len(other)
    # 取两串较短的长度
        for i in range(length):                         # 逐个字符比较
            if self.string[i] > other[i]:
                return 1
            if self.string[i] < other[i]:
                return -1
        if self.curLen > len(other):                    # 如果比较部分都相同,则较长的串大
            return 1
        elif self.curLen < len(other):
            return -1
        return 0                                        # 如果串长也相等,则两串相等

    # 输出字符串
    def print_str(self):
        for i in range(self.curLen):
            print(self.string[i], end = '')
        print()


s = SqString("asd")                                     # 以串"asd"初始化顺序串
s.insert(2, "132")                                      # 在索引位置2插入串"132"
s.print_str()                                           # 输出顺序串
s.delete(0,3)                                           # 删除索引位置0~2的字符
s.print_str()                                           # 输出顺序串
print(s.get_substring(1,3))                             # 输出子串
print(s.compare("32d"))                                 # 与"32d"比较并输出比较结果
```

【输出】

```
a s 1 3 2 d
3 2 d
['2', 'd']
0
```

4.1.3 串的链式存储结构

串的链式存储结构和线性表的串的链式存储结构类似,采用单链表来存储串,结点的构成如下:

(1) data 域:存放字符,data 域可存放的字符个数称为结点的大小;

（2）next 域：存放指向下一结点的指针。

若每个结点仅存放一个字符,这种结构称为单字符链表。但这种结点的指针域非常多,造成系统空间浪费,为节省存储空间,考虑串结构的特殊性,使每个结点存放若干个字符,这种结构称为块链表,如图 4.1 所示。

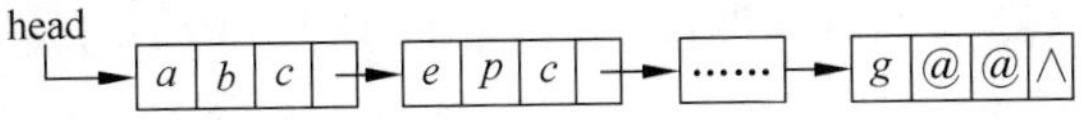

图 4.1　串的块链存储结构

在这种存储结构下,结点的分配总是以完整的结点为单位,因此,为使一个串能存放在整数个结点中,在串的末尾填上不属于串值的特殊字符,以表示串的终结。

当一个块(结点)内存放多个字符时,往往会使操作过程变得较为复杂,如在串中插入或删除字符操作时通常需要在块间移动字符。

4.2　串的模式匹配

子串在主串中的定位称为模式匹配或串匹配(字符串匹配)。模式匹配成功是指在主串 S 中能够找到模式串 T,否则,称模式串 T 在主串 S 中不存在。

模式匹配的应用非常广泛。例如,在文本编辑程序中,经常要查找某一特定单词在文本中出现的位置。显然,求解此问题的有效算法能极大地提高文本编辑程序的响应性能。

模式匹配是一个较为复杂的串操作过程。迄今为止,人们对串的模式匹配提出了许多思想和效率各不相同的计算机算法。

4.2.1　暴力模式匹配算法

理解模式匹配的定义后,最容易想到的一种方法就是将模式串在主串中一一匹配。首先从主串 S 的第一个字符起,与模式串第一个字符比较,假若相等,则继续向后逐个比较字符;否则从该次匹配中主串 S 的起始字符的下一个字符起,重新和模式串匹配;依此类推,直至模式串 T 中的每一个字符依次和主串 S 中的一个连续的字符序列相等,则匹配成功,否则匹配失败。

暴力模式匹配算法如下：

```
def index(S, T):
    i, j = 0, 0                    ♯ 主串和模式串的当前字符位序
    while i < len(S) and j < len(T):
        if S[i] == T[j]:           ♯ 如果相等则继续比较后继字符
            i += 1
            j += 1
        else:                      ♯ 指针回退重新开始匹配
            i = i - j + 1
            j = 0
    if j >= len(T):
        return i - len(T)          ♯ 返回匹配位序
    return -1                      ♯ 匹配失败
```

暴力模式匹配算法的最坏时间复杂度为 $O(mn)$，其中 m 为主串的长度，n 为模式串的长度。

4.2.2 改进的模式匹配算法——KMP 算法

KMP 算法是一种改进的字符串匹配算法，由 D. E. Knuth、J. H. Morris 和 V. R. Pratt 提出，因此人们称它为 Knuth-Morris-Pratt 字符串查找算法(KMP 算法)。KMP 算法的核心是利用匹配失败后的信息，尽量减少模式串与主串的匹配次数以达到快速匹配的目的。

这个算法由 Knuth 和 Pratt 在 1974 年构思，同年 Morris 也独立地设计出该算法，最终三人于 1977 年联合发表。

Donald Ervin Knuth(1938 年 1 月 10 日—)，出生于美国密尔沃基，著名计算机科学家，斯坦福大学计算机系荣誉退休教授。Knuth 教授为现代计算机科学的先驱人物，创造了算法分析的领域，在数个理论计算机科学的分支做出基石一般的贡献，在计算机科学及数学领域发表了多部具广泛影响的论文和著作，1974 年图灵奖得主。

Knuth 所写的《计算机程序设计艺术》(*The Art of Computer Programming*)是计算机科学界最受高度敬重的参考书籍之一。他也是排版软件 T_EX 和字体设计系统 Metafont 的发明人。此外，他还曾提出文学编程的概念，并创造了 WEB 与 CWEB 软件，作为文学编程开发工具。

KMP 算法的改进之处在于：每当一趟匹配过程出现字符不相等时，主串指示器不用回溯，而是利用已经得到的"部分匹配"结果，将模式串的指示器向右"滑动"尽可能远的一段距离后，继续进行比较。

1. 字符串的前缀、后缀和部分匹配值

字符串的前缀是指除最后一个字符以外，字符串的所有头部子串；后缀是指除第一个字符外，字符串的所有尾部子串；部分匹配值(Partial Match，PM)则为字符串的前缀和后缀的最长相等前后缀长度。

例如，有一字符串 'ababa'：

'a' 的前缀和后缀都为空集，故最长相等前后缀长度为 0。

'ab' 的前缀为 {a}，后缀为 {b}，{a} $\bigcap$ {b} $= \varnothing$，故最长相等前后缀长度为 0。

'abc' 的前缀为 {a，ab}，后缀为 {a，ba}，{a，ab} $\bigcap$ {a，ba} $=$ {a}，故最长相等前后缀长度为 1。

'abab' 的前缀为 {a，ab，aba}，后缀为 {b，ab，bab}，{a，ab，aba} $\bigcap$ {b，ab，bab} $=$ {ab}，故最长相等前后缀长度为 2。

'ababa' 的前缀为 {a，ab，aba，abab}，后缀为 {a，ba，aba，baba}，{a，ab，aba，abab} $\bigcap$ {a，ba，aba，baba} $=$ {a，aba}，故最长相等前后缀长度为 3。

故字符串 'ababa' 的部分匹配值表为 00123。假如有一主串为 ababcabcacbab，子串为 abcac，利用上述方法可以得到子串的部分匹配值为 00010，可得到部分匹配值的表，如表 4.1 所示。

表 4.1 字符串 'abcac' 的部分匹配值表

编号	1	2	3	4	5
S	a	b	c	a	c
PM	0	0	0	1	0

现在利用部分匹配值表来进行字符串匹配：

主串　a b a b c a b c a c b a b
子串　a b c

第一趟匹配过程：

发现 c 与 a 不匹配，前面的 2 个字符 'ab' 是匹配的，通过查表可知，最后一个匹配字符 b 对应的部分匹配值为 0，可以按照下面的公式算出子串需要向后移动的位数：

移动位数＝已匹配的字符数－对应的部分匹配值

由于 2－0＝2，故将子串向后移动 2 位，如下进行第二趟匹配：

主串　a b a b c a b c a c b a b
子串　　　a b c a c

第二趟匹配过程：

发现 c 与 b 不匹配，前面 4 个字符 'abca' 是匹配的，最后一个匹配字符 a 对应的部分匹配值为 1，4－1＝3，故将子串向后移动 3 位，如下进行第三趟匹配：

主串　a b a b c a b c a c b a b
子串　　　　　　a b c a c

第三趟匹配过程：

子串全部比较完成，匹配成功。在整个匹配过程中，主串始终没有回退，故 KMP 算法可以在 $O(m+n)$ 的时间复杂度上完成串的模式匹配操作，大大提高了匹配效率。

使用部分匹配值时，每当匹配失败，就得去找它前一个元素的部分匹配值，这样使用起来有些不方便，所以可以将部分匹配值表右移一位，数值上再加 1。这样哪个元素匹配失败，就直接去看它自己对应的数值即可。如上述举例的字符串 'abcac'，其 next 数组如表 4.2 所示。

表 4.2 字符串 'abcac' 的 next 数组

编号	1	2	3	4	5
S	a	b	c	a	c
PM	0	1	1	1	2

此时，next[j] 的含义是：在子串的第 j 个字符与主串发生失配时，则跳到子串的 next[j] 位置重新与主串当前位置进行比较。

2. 如何推导 next 数组的一般公式？

不失一般性，设主串 $s=$"$s_1 s_2 \cdots s_n$"，模式串 $t=$"$t_1 t_2 \cdots t_m$"。

当 $s_i \neq t_j (1 \leqslant i \leqslant n-m, 1 \leqslant j < m, m < n)$ 时，主串 s 的指针 i 不必回溯，而模式串 t 的指针 j 回溯到第 $k(k<j)$ 个字符继续比较，则模式串 t 的前 $k-1$ 个字符必须满足式(4-1)，而且不可能存在 $k'>k$ 满足式(4-1)。

$$t_1 t_2 \cdots t_{k-1} = s_{i-(k-1)} \ s_{i-(k-2)} \cdots s_{i-2} s_{i-1} \qquad (4\text{-}1)$$

而已经得到的"部分匹配"的结果为

$$t_{j-(k-1)} t_{j-k} \cdots t_{j-1} = s_{i-(k-1)} s_{i-(k-2)} \cdots s_{i-2} \ s_{i-1} \qquad (4\text{-}2)$$

由式(4-1)和式(4-2)得

$$t_1 t_2 \cdots t_{k-1} = t_{j-(k-1)} t_{j-k} \cdots t_{j-1} \qquad (4\text{-}3)$$

通过上述分析可以定义 $\text{next}[j]$ 函数为

$$\text{next}[j] = \begin{cases} 0, & j = 1 \\ \text{Max}\{k \mid 1 < k < j \text{ 且 } t_1 t_2 \cdots t_{k-1} = t_{j-(k-1)} t_{j-k} \cdots t_{j-1}\}, & \text{集合不为空} \\ 1, & \text{其他} \end{cases}$$

求得 $\text{next}[j]$ 值之后,KMP 算法的思想是:设目标串(主串)为 s,模式串为 t,并设 i 指针和 j 指针分别指示目标串和模式串中正待比较的字符,设 i 和 j 的初值均为 1。若有 $s_i = t_j$,则 i 和 j 分别加 1。否则,i 不变,j 退回到 $j = \text{next}[j]$ 的位置,再比较 s_i 和 t_j,若相等,则 i 和 j 分别加 1。否则,i 不变,j 再次退回到 $j = \text{next}[j]$ 的位置,依此类推。直到下列两种可能:

(1) j 退回到某个下一个 $[j]$ 值时字符比较相等,则指针各自加 1 继续进行匹配。

(2) 退回到 $j = 0$,将 i 和 j 分别加 1,即从主串的下一个字符 s_{i+1} 模式串的 t_1 重新开始匹配。

KMP 算法中求 next 数组的算法如下(假定字符串从下标 1 开始,如模式字符串为 'abcac',则输入字符串 'abcac'):

```python
def get_next(T):
    next = [0] * len(T)
    i, j = 1, 0
    next[1] = 0
    while i < len(T) - 1:
        if j == 0 or T[i] == T[j]:
            i += 1
            j += 1
            next[i] = j                    # 若 ti = tj,则 next[j + 1] = next[j] + 1
        else:
            j = next[j]                     # 否则令 j = next[j]
    return next
```

与 next 数组的求解相比,KMP 的匹配算法相对要简单很多,它在形式上与暴力模式匹配算法形似。不同之处仅在于当匹配过程中发生失配时,指针 i 不变,指针 j 退回到 $\text{next}[j]$ 的位置并重新开始比较,并且当指针 j 为 -1 时,指针 i 和 j 同时加 1,即若主串的第 i 个位置和模式串的第一个字符不等,则从主串的第 $i+1$ 个位置开始匹配。

KMP 的算法如下(字符串都从下标 1 开始):

```python
def kmp(S, T):
    next = get_next(T)
    i = j = 1
    while i <= len(S) - 1 and j <= len(T) - 1:
        if j == 0 or S[i] == T[j]:         # 继续比较后继字符
```

```
            i += 1
            j += 1
        else:                              # 否则模式串向右移动
            j = next[j]
    if j > len(T) − 1:                     # 匹配成功,返回位置
        return i − len(T) + 1
    return −1
```

KMP 算法的时间复杂度是 $O(m+n)$。KMP 算法在主串与子串有很多"部分匹配"的情况下会比普通算法快很多,其主要优点是主串不回溯。

【实例操作】

现有一主串为'ababcabcacbab',子串'abcac',请使用 KMP 算法,输出子串在主串的第几个位置(从 1 开始)。

【代码】

```
def get_next(T):
    next = [0] * len(T)
    i, j = 1, 0
    next[1] = 0
    while i < len(T) − 1:
        if j == 0 or T[i] == T[j]:
            i += 1
            j += 1
            next[i] = j                    # 若 ti = tj,则 next[j + 1] = next[j] + 1
        else:
            j = next[j]                    # 否则令 j = next[j]
    return next


def kmp(S, T):
    next = get_next(T)
    i = j = 1
    while i <= len(S) − 1 and j <= len(T) − 1:
        if j == 0 or S[i] == T[j]:         # 继续比较后继字符
            i += 1
            j += 1
        else:                              # 否则模式串向右移动
            j = next[j]
    if j > len(T) − 1:                     # 匹配成功,返回位置
        return i − len(T) + 1
    return −1


print(kmp(" ababcabcacbab", " abcac"))
```

【输出】

6

4.3 串相关算法设计与分析

【例 4.1】 最长的公共前缀

编写一个程序来查找一个字符串列表中的最长公共前缀。如果不存在公共前缀则返回空字符串。例如,输入的列表为["abandon", "ability", "able"],可以分析出它们的最长公共前缀是"ab",则返回"ab"字符串。

【分析】

两个字符串的公共前缀即是两个字符串从串头开始一一比对,所得到的相同字符串前缀。例如,"abandon"和 "ability"的公共前缀就为"ab"。本例中,由于需要求许多个字符串的公共前缀,故可以先求出前两个字符串的公共前缀,然后把前两个字符串得到的公共前缀与下一个字符串进行比对,得出新的公共前缀。依此类推,一直遍历到字符串列表末尾,即可以得到最终的最长公共前缀。

有一个优化的地方是:如果还没遍历完所有的字符串,所得到的公共前缀就已经是空字符串,那么这个字符串列表的最长公共前缀就一定是空串,则不需要遍历剩下的字符串,返回空字符串即可。

【算法】

(1) 遍历字符串列表,并更新公共前缀。

(2) 如果在遍历过程中,公共前缀更新为空字符串,则直接返回空字符串。

(3) 遍历结束,返回此刻的公共前缀。

【代码】

```python
def longestCommonPrefix(self, strs):
    if not strs:                              # 如果输入的是空字符串列表则直接返回空串
        return ""
    prefix = strs[0]                          # 把前缀初始化为列表中第一个字符串
    size = len(strs)                          # 获取字符串列表的长度
    for i in range(1, size):                  # 遍历字符串列表
        prefix = self.get_prefix(prefix, strs[i])  # 更新公共前缀
        if not prefix:                        # 如果公共前缀是空串则直接返回
            break
    return prefix


# 获取两个字符串的公共前缀
def get_prefix(self, str1, str2):
    length = min(len(str1), len(str2))
    i = 0
    while i < length and str1[i] == str2[i]:
        i += 1
    return str1[:i]                           # 返回公共前缀
```

【复杂度分析】

时间复杂度:$O(mn)$,其中 m 是字符串列表中字符串的平均长度,n 是字符串列表的长度。在最坏情况下,字符串列表中的每一个字符串每个字符都被比较一次。

空间复杂度：$O(1)$。

小　　结

（1）字符串是数据元素类型为字符的线性表，字符串具有插入、删除、查找、比较等基本操作。

（2）字符串具有顺序存储结构和链式存储结构两种存储结构。字符串的顺序存储结构称作顺序串，与顺序表的逻辑结构相同，存储结构类似，均可用列表来存储数据元素。字符串的链式存储结构称作链串，和线性表的链式存储结构类似，可以采用单链表来存储串值。

（3）串的模式匹配是指子串的定位操作，求的是子串在主串中的位置。主要的模式匹配算法有暴力模式匹配算法和KMP算法。

第5章 　树与二叉树

5.1　树

5.1.1　树的定义

　　树是一种数据结构,它是由 $n(n \geqslant 0)$ 个有限结点组成的一个具有层次关系的集合。空集合也是树,称为空树。把它叫作"树"是因为它看起来像一棵倒挂的树,也就是说它是根朝上,而叶朝下。它具有以下的特点:每个结点有零个或多个子结点;没有父结点的结点称为根结点;每一个非根结点有且只有一个父结点;除了根结点外,每个子结点可以分为多个不相交的子树。

　　树是由根结点和若干棵子树构成的。树是由一个集合以及在该集合上定义的一种关系构成的。集合中的元素称为树的结点,所定义的关系称为父子关系。父子关系在树的结点之间建立了一个层次结构。在这种层次结构中有一个结点具有特殊的地位,这个结点称为该树的根结点,或称为树根。

5.1.2　树的基本术语

　　下面根据图 5.1 介绍关于树的基本术语和概念。

　　孩子结点或子结点:一个结点含有的子树的根结点称为该结点的子结点。

　　结点的度:一个结点含有的子结点的个数称为该结点的度。

　　叶结点或终端结点:度为 0 的结点称为叶结点。

　　非终端结点或分支结点:度不为 0 的结点。

　　双亲结点或父结点:若一个结点含有子结点,则这个结点称为其子结点的父结点。

　　兄弟结点:具有相同父结点的结点互称为兄弟结点。

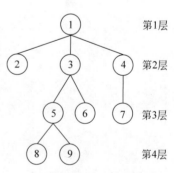

图 5.1　树的树形表示

　　树的度:一棵树中,最大的结点的度称为树的度。

　　结点的层次:从根开始定义起,根为第 1 层,根的子结点为第 2 层,依此类推。

　　树的高度或深度:树中结点的最大层次。

堂兄弟结点：双亲在同一层的结点互为堂兄弟结点。

结点的祖先：从根到该结点所经分支上的所有结点。

子孙：以某结点为根的子树中任一结点都称为该结点的子孙。

有序树：如果树中各棵子树的次序是有先后次序，则称该树为有序树。

无序树：如果树中各棵子树没有先后次序，则称该树为无序树。

森林：各棵互不相交的树的集合称为森林。

路径和路径长度：树中两个结点之间的路径是由这两个结点之间所经过的结点序列构成的，而路径长度是路径上所经过边的个数。

5.1.3　树的种类

无序树：树中任意结点的子结点之间没有顺序关系，这种树称为无序树，也称为自由树。

有序树：树中任意结点的子结点之间有顺序关系，这种树称为有序树。

二叉树：每个结点最多含有两棵子树的树称为二叉树。

满二叉树：叶结点除外的所有结点均含有两棵子树的树称为满二叉树。

完全二叉树：除最后一层外，所有层都是满结点，且最后一层缺右边连续结点的二叉树称为完全二叉树。

哈夫曼树（最优二叉树）：带权路径最短的二叉树称为哈夫曼树或最优二叉树。

5.1.4　树的性质

树具有如下最基本的性质：

(1) 树中的结点数等于所有结点的度数加上 1。

(2) 度为 m 的树中第 i 层上至多有 m^{i-1} 个结点($i \geqslant 1$)。

(3) 高度为 h 的 m 叉树至多有$(m^h - 1)/(m-1)$个结点。

(4) 具有 n 个结点的 m 叉树的最小高度为$\lceil \log_m(n(m-1)+1) \rceil$。

5.2　二　叉　树

5.2.1　二叉树的定义及特性

1. 二叉树的定义

二叉树(binary tree)是树形结构的一个重要类型。许多实际问题抽象出来的数据结构往往是二叉树形式，即使是一般的树也能简单地转换为二叉树，而且二叉树的存储结构及其算法都较为简单，因此二叉树显得特别重要。二叉树特点是每个结点最多只能有两棵子树，且有左右之分，如图 5.2 所示。

二叉树是 n 个有限元素的集合，该集合或者为空、或者由一个称为根(root)的元素及两个不相交的、分别称为左

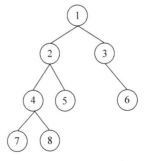

图 5.2　二叉树的形态

子树和右子树的二叉树组成,是有序树。当集合为空时,称该二叉树为空二叉树。在二叉树中,一个元素也称作一个结点。

不能把二叉树与度为 2 的有序树等同起来。它们之间有如下几个区别:

(1) 度为 2 的有序树至少有 3 个结点,而二叉树可以为空;

(2) 度为 2 的有序树的左右次序是相对另一个孩子而言的,若某个结点只有一个孩子,则这个孩子就不需要区分左右次序;而二叉树无论其孩子数是否为 2,都需要确认其左右次序,二叉树的结点次序是确定的。

2. 几种特殊二叉树

二叉树有以下几种特殊类型。

(1) 满二叉树:如果一棵二叉树只有度为 0 的结点和度为 2 的结点,并且度为 0 的结点在同一层上,则这棵二叉树为满二叉树。一棵高度为 h 的满二叉树含有 2^h-1 个结点,即树中的每一层都含有最多的结点,如图 5.3(a) 所示。

(2) 完全二叉树:高度为 h,有 n 个结点的二叉树,当且仅当其每一个结点都与高度为 h 的满二叉树中编号 $1\sim n$ 的结点一一对应时,称为完全二叉树,如图 5.3(b) 所示。

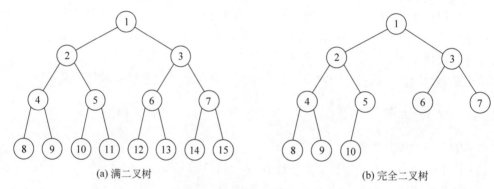

(a) 满二叉树　　　　　　　　　　　　　(b) 完全二叉树

图 5.3　满二叉树和完全二叉树

(3) 二叉排序树:左子树上所有结点的关键字均小于根结点的关键字;右子树上所有结点的关键字均大于根结点的关键字;左子树和右子树又各是一棵二叉排序树,如图 5.4 所示。

(4) 平衡二叉树:根上任一结点的左子树和右子树的深度之差不超过 1,如图 5.5 所示。

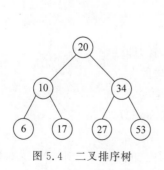

图 5.4　二叉排序树

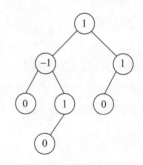

图 5.5　平衡二叉树

3. 二叉树性质

性质 1：二叉树的第 i 层上至多有 $2^{i-1}(i \geqslant 1)$ 个结点。

性质 2：深度为 $h(h \geqslant 1)$ 的二叉树中至多含有 $2^h - 1$ 个结点。

性质 3：若在任意一棵二叉树中，有 n_0 个叶子结点，有 n_2 个度为 2 的结点，则必有 $n_0 = n_2 + 1$。

证明：设度为 0、1 和 2 的结点个数分别为 n_0、n_1 和 n_2，结点总数 $n = n_0 + n_1 + n_2$。在二叉树的分支数中，除根结点外，其余结点都有一个分支进入，设 A 为分支总数，则 $n = A + 1$。由于这些分支都是由度为 1 或 2 的结点射出的，所有 $A = n_1 + 2n_2$。于是可得 $n_0 + n_1 + n_2 = n_1 + 2n_2 + 1$，化简后得 $n_0 = n_2 + 1$。

性质 4：具有 n 个结点的完全二叉树高度为 $\lceil \log_2(n+1) \rceil$ 或 $\lfloor \log_2 n \rfloor + 1$。

性质 5：若对一棵有 n 个结点的完全二叉树进行顺序编号（$0 \leqslant i < n$），那么，对于编号为 $i(i \geqslant 0)$ 的结点：

当 $i = 0$ 时，该结点为根，它无双亲结点；

当 $i > 0$ 时，该结点的双亲结点的编号为 $\lfloor (i-1)/2 \rfloor$；

若 $2i + 1 < n$，则有编号为 $2i + 1$ 的左结点，否则没有左结点；

若 $2i + 2 < n$，则有编号为 $2i + 2$ 的右结点，否则没有右结点。

5.2.2 二叉树的存储结构

二叉树一般都采用链式存储结构，用链表结点来存储二叉树中的每个结点。在二叉树中，结点结构通常包括若干数据域和若干指针域，二叉链表至少包含 3 个域：数据域 data、左指针域 lchild 和右指针域 rchild，如图 5.6 所示。

图 5.6　二叉树链式存储的结点结构

二叉树结点类的存储结构描述如下：

```
class BiTreeNode:
    def __init__(self, data = None, lchild = None, rchild = None):
        self.data = data                # 数据域值
        self.lchild = lchild            # 左孩子指针
        self.rchild = rchild            # 右孩子指针
```

二叉树类的存储结构描述如下：

```
class BiTree:
    def __init__(self, root = None):
        self.root = root                # 二叉树的根节点
```

5.2.3 二叉树的遍历

遍历是对树的一种最基本的运算，所谓遍历二叉树，就是按一定的规则和顺序走遍二叉树的所有结点，使每一个结点都被访问一次，而且只被访问一次。由于二叉树是非线性结构,因此,树的遍历实质上是将二叉树的各个结点转换成为一个线性序列来表示。

1. 先序遍历

先序遍历(PreOrder)的操作过程如下。

若二叉树为空,则什么也不做,否则:

(1) 访问根结点;

(2) 先序遍历左子树;

(3) 先序遍历右子树。

先序遍历的递归算法如下:

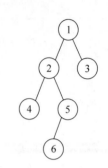

图 5.7 二叉树结构

```python
def pre_order(self, root):
    if root is not None:
        print(root.data, end = '')        # 输出根结点值
        self.pre_order(root.lchild)       # 递归遍历左子树
        self.pre_order(root.rchild)       # 递归遍历右子树
```

在图 5.7 所表示的二叉树中,先序遍历所得到的结点序列为 1 2 4 5 6 3。

2. 中序遍历

中序遍历(InOrder)的操作过程如下。

若二叉树为空,则什么也不做,否则:

(1) 中序遍历左子树;

(2) 访问根结点;

(3) 中序遍历右子树。

中序遍历的递归算法如下:

```python
def in_order(self, root):
    if root is not None:
        self.in_order(root.lchild)        # 递归遍历左子树
        print(root.data, end = '')        # 输出根结点值
        self.in_order(root.rchild)        # 递归遍历右子树
```

在图 5.7 中所表示的二叉树中,中序遍历所得到的结点序列为 4 2 6 5 1 3。

3. 后序遍历

后序遍历(PostOrder)的操作过程如下。

若二叉树为空,则什么也不做,否则:

(1) 后序遍历左子树;

(2) 后序遍历右子树;

(3) 访问根结点。

后序遍历的递归算法如下:

```python
def post_order(self, root):
    if root is not None:
        self.post_order(root.lchild)      # 递归遍历左子树
        self.post_order(root.rchild)      # 递归遍历右子树
        print(root.data, end = '')        # 输出根结点值
```

在图 5.7 所表示的二叉树中,后序遍历所得到的结点序列为 4 6 5 2 3 1。

4. 层次遍历

二叉树的层次遍历,按照层次顺序对二叉树的各个结点进行访问,如图5.8所示。

用一个队列保存被访问的当前结点的左右孩子结点以实现层序遍历。在进行层次遍历时,设置一个队列结构,遍历从二叉树的根结点开始,首先将根结点指针入队列,然后从队头取出一个元素,每取一个元素,执行下面两个操作:

（1）访问该元素所指向的结点;

（2）若该元素所指结点的左右孩子结点非空,则将该元素所指结点的左孩子指针和右孩子指针顺序入队。此过程不断进行,当队列为空时,二叉树的层次遍历结束。

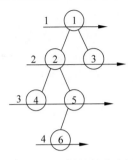

图5.8 二叉树的层次遍历

二叉树的层次遍历算法如下:

```python
def level_order(self, root):
    queue = deque()                    # 建立队列
    queue.append(root)                 # 首先将根结点入队
    while queue:                       # 队列不空则继续遍历
        cur = queue.popleft()          # 队头结点出队
        print(cur.data, end = '')      # 输出队头结点数据域值
        if cur.lchild:                 # 左子树不为空则左子树根结点入队
            queue.append(cur.lchild)
        if cur.rchild:                 # 右子树不为空则右子树根结点入队
            queue.append(cur.rchild)
```

5. 由遍历序列构造二叉树

由二叉树的先序序列和中序序列可以唯一地确定一棵二叉树。

由二叉树的后序序列和中序序列可以唯一地确定一棵二叉树。

只知道二叉树的先序序列和后序序列无法唯一确定一棵二叉树。

【实例操作】

以先序遍历的方式构造一个二叉树,输出该二叉树的前序遍历序列、中序遍历序列、后续遍历序列和层次遍历序列。

```python
from collections import deque            # Python 数据结构常用模块
class BiTreeNode:
    def __init__(self, data = None, lchild = None, rchild = None):
        self.data - data                 # 数据域值
        self.lchild = lchild             # 左孩子指针
        self.rchild = rchild             # 右孩子指针


class BiTree:
    def __init__(self, root = None):
        self.root = root                 # 二叉树的根结点
    # 先序遍历
    def pre_order(self, root):
        if root is not None:
            print(root.data, end = '')   # 输出根结点值
```

58

```
                self.pre_order(root.lchild)        # 递归遍历左子树
                self.pre_order(root.rchild)        # 递归遍历右子树


    # 中序遍历
    def in_order(self, root):
        if root is not None:
            self.in_order(root.lchild)             # 递归遍历左子树
            print(root.data, end = '')             # 输出根结点值
            self.in_order(root.rchild)             # 递归遍历右子树


    # 后序遍历
    def post_order(self, root):
        if root is not None:
            self.post_order(root.lchild)           # 递归遍历左子树
            self.post_order(root.rchild)           # 递归遍历右子树
            print(root.data, end = '')             # 输出根结点值


    # 层次遍历
    def level_order(self, root):
        queue = deque()                            # 建立队列
        queue.append(root)                         # 首先将根结点入队
        while queue:                               # 队列不空则继续遍历
            cur = queue.popleft()                  # 队头结点出队
            print(cur.data, end = '')              # 输出队头结点数据域值
            if cur.lchild:                         # 左子树不为空则左子树根结点入队
                queue.append(cur.lchild)
            if cur.rchild:                         # 右子树不为空则右子树根结点入队
                queue.append(cur.rchild)



# 以先序遍历构造二叉树
def create(root = None):
    x = input()
    # 输入'#'表示该结点为 None
    if x == '#':
        root = None
        return
    root = BiTreeNode(x)
    root.lchild = create(root.lchild)
    root.rchild = create(root.rchild)
    return root

tree = BiTree()
tree.root = create()
print("该二叉树先序遍历为:")
tree.pre_order(tree.root)
print()
print("该二叉树中序遍历为:")
```

```
tree.in_order(tree.root)
print()
print("该二叉树后序遍历为:")
tree.post_order(tree.root)
print()
print("该二叉树层次遍历为:")
tree.level_order(tree.root)
```

【输入】(与图 5.7 一样的二叉树结构)

```
1
2
4
#
#
5
6
#
#
#
3
#
#
```

【输出】

```
该二叉树先序遍历为:
1 2 4 5 6 3
该二叉树中序遍历为:
4 2 6 5 1 3
该二叉树后序遍历为:
4 6 5 2 3 1
该二叉树层次遍历为:
1 2 3 4 5 6
```

5.2.4 二叉排序树

1. 二叉排序树的定义

二叉排序树(Binary Sort Tree,BST),又称二叉查找树,亦称二叉搜索树,是数据结构中的一类。在一般情况下,其查询效率比链表结构要高。

二叉排序树或者是一棵空树,或者是具有下列性质的二叉树:

(1) 若左子树不空,则左子树上所有结点的值均小于它的根结点的值;

(2) 若右子树不空,则右子树上所有结点的值均大于它的根结点的值;

(3) 左、右子树也分别为二叉排序树;

(4) 没有键值相等的结点。

根据二叉排序树的定义,左子树结点值<根结点值<右子树结点值,所以对二叉排序树进行中序遍历会得到一个递增的有序序列。如图 5.9 所示,该二叉排序树的中序遍历序列

为 1,3,5,6,7,9。

2. 二叉排序树的查找

二叉排序树的查找从根结点开始，沿某个分支逐层向下比较。若二叉排序树非空，先将给定值与根结点的关键字比较，若相等，则查找成功；若不相等，如果小于根结点的关键字，则在根结点的左子树上查找，否则在根结点的右子树上查找。

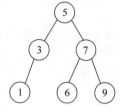

图 5.9　一棵二叉排序树

二叉排序树的查找算法如下：

```python
def search(self, x):
    T = self.root
    while T and x != T.data:        # 若树空或等于根结点值则循环结束
        if x < T.data:              # 小于则在左子树上查找
            T = T.lchild
        else:                       # 大于则在右子树上查找
            T = T.rchild
    return T
```

二叉树排序树的查找效率主要取决于树的高度。若二叉排序树左、右子树的高度之差的绝对值不超过 1，则这样的二叉排序树称为平衡二叉树，它的平均查找长度为 $O(\log_2^n)$。若二叉排序树是一个只有右（左）孩子的单支树，则其平均查找长度为 $O(n)$。

3. 二叉排序树的插入

二叉排序树是一种动态树表。其特点是：树的结构通常不是一次生成的，而是在查找过程中，当树中不存在关键字等于给定值的结点时再进行插入。新插入的结点一定是一个新添加的叶子结点，并且是查找不成功时查找路径上访问的最后一个结点的左孩子或右孩子结点。

插入结点的过程如下：首先执行查找算法，找出被插结点的父结点；判断被插结点是其父结点的左、右孩子结点；将被插结点作为叶子结点插入。若二叉树为空，则首先单独生成根结点。

二叉排序树的插入操作算法如下：

```python
def insert(self, root, x):
    if root is None:                    # 原树若为空，新插入的记录为根结点
        root = BiTreeNode(x)
        return root
    elif x < root.data:                 # 插入到左子树
        root.lchild = self.insert(root.lchild, x)
    else:                               # 插入到右子树
        root.rchild = self.insert(root.rchild, x)
    return root
```

4. 二叉排序树的构造

从一棵空树开始，依次输入元素，把它们插入到二叉排序树的合适位置。

构造二叉排序树的算法如下：

```python
def create_tree(self, root):
    x = int(input())
```

```
        while x != -1:                          # 输入-1时表示停止输入
            root = self.insert(root, x)         # 将新元素插入到二叉排序树
            x = int(input())
        return root
```

【实例操作】

依次输入数值构造如图5.9所示的二叉排序树,输出该二叉排序树的中序遍历序列。

```
class BiTreeNode:
    def __init__(self, data = None, lchild = None, rchild = None):
        self.data = data                        # 数据域值
        self.lchild = lchild                    # 左孩子指针
        self.rchild = rchild                    # 右孩子指针


class BiTree:
    def __init__(self, root = None):
        self.root = root                        # 二叉树的根结点

    # 插入操作
    def insert(self, root, x):
        if root is None:                        # 原树若为空,新插入的记录为根结点
            root = BiTreeNode(x)
            return root
        elif x < root.data:                     # 插入到左子树
            root.lchild = self.insert(root.lchild, x)
        else:                                   # 插入到右子树
            root.rchild = self.insert(root.rchild, x)
        return root

    # 构造操作
    def create_tree(self, root):
        x = int(input())
        while x != -1:                          # 输入-1时表示停止输入
            root = self.insert(root, x)         # 将新元素插入到二叉排序树
            x = int(input())
        return root

    # 查找操作
    def search(self, x):
        T = self.root
        while T and x != T.data:                # 若树空或等于根结点值则循环结束
            if x < T.data:                      # 小于则在左子树上查找
                T = T.lchild
            else:                               # 大于则在右子树上查找
                T = T.rchild
        return T

    # 中序遍历
    def in_order(self, root):
        if root is not None:
```

树与二叉树

```
            self.in_order(root.lchild)        # 递归遍历左子树
            print(root.data, end = ' ')       # 输出根结点值
            self.in_order(root.rchild)        # 递归遍历右子树
```

```
tree = BiTree()
tree.root = tree.create_tree(tree.root)
print("该二叉树中序遍历为:")
tree.in_order(tree.root)
```

【输入】

```
5
3
7
1
6
9
-1
```

【输出】

```
该二叉树中序遍历为:
1 3 5 6 7 9
```

5.2.5　平衡二叉树

平衡二叉树(BalanceBinaryTree,BBT),是由苏联数学家Adelse-Velskil和Landis在
1962 年提出的高度平衡的二叉树,也称为 AVL 树。它具有
如下几个性质:

(1) 可以是空树。

(2) 假如不是空树,则任何一个结点的左子树与右子树
都是平衡二叉树,并且高度之差的绝对值不超过 1。

定义结点左子树和右子树的高度差为该结点的平衡因
子,则平衡二叉树结点的平衡因子值只可能为−1,0 或 1,如
图 5.10 所示。

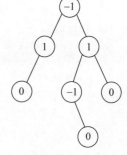

图 5.10　一棵平衡二叉树

5.2.6　哈夫曼树

1951 年,哈夫曼在麻省理工学院攻读博士学位,他和修读"信息论"课程的同学得选择
是完成学期报告还是期末考试。导师 Robert Fano 出的学期报告题目是：查找最有效的二
进制编码。由于无法证明哪个已有编码是最有效的,哈夫曼放弃对已有编码的研究,转向新
的探索,最终发现了基于有序频率二叉树编码的想法,并很快证明了这个方法是最有效的。
哈夫曼使用自底向上的方法构建二叉树,避免了次优算法香农-法诺编码(Shannon-Fano
coding)的最大弊端——自顶向下构建树。

1952 年,哈夫曼于论文《一种构建极小多余编码的方法》(*A Method for the Construction of Minimum-Redundancy Codes*)中发表了这个编码方法。

David Albert Huffman(1925 年 8 月 9 日—1999 年 10 月 7 日),生于美国俄亥俄州,计算机科学家,为哈夫曼编码的发明者。他也是折纸数学领域的先驱人物。1944 年,在俄亥俄州立大学取得电机工程学士学位。在第二次世界大战期间,进入美国海军服役两年。退伍后,他回到俄亥俄州立大学,取得电机工程硕士学位。其后进入麻省理工学院攻读博士,主修电机工程。1953 年,取得自然科学博士学位。在攻读博士期间,于 1952 年发表了哈夫曼编码。在取得博士学位后,他成为麻省理工学院教师。1967 年,转至圣塔克鲁兹加利福尼亚大学任教,在此,他协助创立了计算机科学系,1970—1973 年,他担任系主任。1994 年,他从学校退休。1999 年,被诊断出癌症,在同年 10 月病逝,享年 74 岁。

1. 哈夫曼树的定义

给定 N 个权值作为 N 个叶结点,构造一棵二叉树,若该树的带权路径长度达到最小,称这样的二叉树为最优二叉树,也称为哈夫曼树(Huffman Tree)。哈夫曼树是带权路径长度最短的树,权值较大的结点离根较近。

哈夫曼树是一种带权路径长度最短的二叉树。所谓树的带权路径长度,就是树中所有的叶结点的权值乘上其到根结点的路径长度(若根结点为 0 层,则叶结点到根结点的路径长度为叶结点的层数)。树的路径长度是从树根到每一结点的路径长度之和,记为 WPL(Weighted Path Length of Tree)$= (W_1 * L_1 + W_2 * L_2 + W_3 * L_3 + \cdots + W_n * L_n)$,$N$ 个权值 $W_i (i=1,2,\cdots,n)$ 构成一棵有 N 个叶结点的二叉树,相应的叶结点的路径长度为 $L_i (i=1,2,\cdots,n)$。例如,在图 5.11 的哈夫曼树中,该树的 WPL$= 8 * 1 + 5 * 2 + 2 * 3 + 3 * 3 = 33$。同时,该树的 WPL 在所有带这 4 个结点的二叉树中里为最小值。

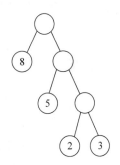

图 5.11　一棵哈夫曼树

2. 哈夫曼树的构造

假设有 n 个权值,则构造出的哈夫曼树有 n 个叶结点。n 个权值分别设为 w_1、w_2、$\cdots$、w_n,则哈夫曼树的构造规则为:

(1) 将 w_1、w_2、$\cdots$、w_n 看成有 n 棵树的森林(每棵树仅有一个结点);

(2) 在森林中选出两个根结点的权值最小的树合并,作为一棵新树的左、右子树,且新树的根结点权值为其左、右子树根结点权值之和;

(3) 从森林中删除选取的两棵树,并将新树加入森林;

(4) 重复步骤(2)、(3),直到森林中只剩一棵树为止,该树即为所求的哈夫曼树,如图 5.12 所示。

构造哈夫曼树的算法如下:

```
# 树结点结构
class HuffmanNode:
    def __init__(self, data, weight):
        self.data = data
        self.weight = weight
        self.lchild = None
```

```
            self.rchild = None


    class HuffmanTree:
        def __init__(self, data):
            nodes = [HuffmanNode(x, w) for x, w in data]      # 建立树结点列表
            self.index = {}                                    # 记录每个结点编码的字典
            while len(nodes) > 1:                              # 循环到列表只剩一个树结点
                nodes = sorted(nodes, key = lambda x: x.weight)  # 依据每个树结点的权值进行
                                                                 # 排序
                s = HuffmanNode(None, nodes[0].weight + nodes[1].weight)
                    # 取前两个树结点求和获得新的树结点
                # 将两个旧树结点作为新树结点的左右孩子结点
                s.lchild = nodes[0]
                s.rchild = nodes[1]
                nodes = nodes[2:]                             # 在列表中删除前两个旧树结点
                nodes.append(s)                               # 添加新树结点加入到列表
            self.root = nodes[0]                              # 更新 root 为最终得到的哈夫曼树
            self.cal_index(self.root, '')                     # 统计各个结点对应的编码

        # 以递归方式计算每个字符的哈夫曼编码
        def cal_index(self, root, code):
            if root.data is not None:                         # 当遇到有效树结点,保存对应字符的
                                                              # 当前编码
                self.index[root.data] = code
            else:
                self.cal_index(root.lchild, code + '0')       # 遍历左子树编码则 + '0'
                self.cal_index(root.rchild, code + '1')       # 遍历右子树编码则 + '1'
```

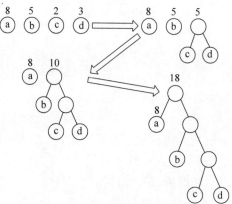

图 5.12　哈夫曼树的构造过程

3. 哈夫曼编码

在数据通信中,需要将传送的文字转换成二进制的字符串,用 0,1 码的不同排列来表示字符。例如,需传送的报文为 AFTERDATAEARAREARTAREA,这里用到的字符集为 A,E,R,T,F,D,各字母出现的次数为{8,4,5,3,1,1}。现要求为这些字母设计编码。要区别 6 个字母,最简单的二进制编码方式是等长编码,固定采用 3 位二进制,可分别用 000、001、010、011、100、101 对"A,E,R,T,F,D"进行编码发送,当对方接收报文时再按照三位一

分进行译码。显然,编码的长度取决于报文中不同字符的个数。若报文中可能出现 26 个不同字符,则固定编码长度为 5。然而,传送报文时总是希望总长度尽可能短。在实际应用中,各个字符的出现频度或使用次数是不相同的,如 A、B、C 的使用频率远远高于 X、Y、Z,自然会想到设计编码时,让使用频率高的用短码,使用频率低的用长码,以优化整个报文编码。

为使不等长编码为前缀编码(即要求一个字符的编码不能是另一个字符编码的前缀),可用字符集中的每个字符作为叶结点生成一棵编码二叉树,为了获得传送报文的最短长度,可将每个字符的出现频率作为字符结点的权值赋予该结点。显然,字使用频率越小权值越小,权值越小叶子就越靠下,于是频率小编码长,频率高编码短,这样就保证了此树的最小带权路径长度效果上就是传送报文的最短长度。因此,求传送报文的最短长度问题转化为求由字符集中的所有字符作为叶结点,由字符出现频率作为其权值所产生的哈夫曼树的问题。利用哈夫曼树设计二进制的前缀编码,既满足前缀编码的条件,又保证报文编码总长最短,如图 5.13 所示。

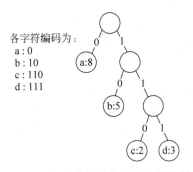

各字符编码为:
a:0
b:10
c:110
d:111

图 5.13　由哈夫曼树构造哈夫曼编码

【实例操作】

```
# 构造如图 5.13 所示的哈夫曼树,并输出每个字符的编码
class HuffmanNode:
    def __init__(self, data, weight):
        self.data = data
        self.weight = weight
        self.lchild = None
        self.rchild = None


class HuffmanTree:
    def __init__(self, data):
        nodes = [HuffmanNode(x, w) for x, w in data]          # 建立树结点列表
        self.index = {}                                       # 记录每个结点编码的字典
        while len(nodes) > 1:                                  # 循环到列表只剩一个树结点
            nodes = sorted(nodes, key = lambda x: x.weight)   # 依据每个树结点的权值进行排序
            s = HuffmanNode(None, nodes[0].weight + nodes[1].weight)   # 取前两个树结点
                                                              #   求和获得新的树
                                                              #   结点

            # 将两个旧树结点作为新树结点的左右孩子结点
            s.lchild = nodes[0]
            s.rchild = nodes[1]
            nodes = nodes[2:]                                 # 在列表中删除前两个旧树结点
```

```
                    nodes.append(s)                    # 添加新树结点到列表
                self.root = nodes[0]                   # 更新 root 为最终得到的哈夫曼树
                self.cal_index(self.root, '')          # 统计各个结点对应的编码

            # 以递归方式计算每个字符的哈夫曼编码
            def cal_index(self, root, code):
                if root.data is not None:              # 当遇到有效树结点,保存对应字符的当前编码
                    self.index[root.data] = code
                else:
                    self.cal_index(root.lchild, code + '0')   # 遍历左子树编码则 + '0'
                    self.cal_index(root.rchild, code + '1')   # 遍历右子树编码则 + '1'

            # 打印各字符哈夫曼编码
            def print_code(self):
                for ch in sorted(self.index):          # 按字符顺序输出各哈夫曼编码
                    print("字符 % s 的哈夫曼编码为:% s" % (ch, self.index[ch]))


        data = [['a', 8], ['b', 5], ['c', 2], ['d', 3]]       # 输入数据
        huffman = HuffmanTree(data)                           # 构造哈夫曼树
        huffman.print_code()                                  # 打印各字符的编码
```

【输出】

```
字符 a 的哈夫曼编码为: 0
字符 b 的哈夫曼编码为: 10
字符 c 的哈夫曼编码为: 110
字符 d 的哈夫曼编码为: 111
```

5.3　树 与 森 林

5.3.1　树的存储结构

树的存储方式有多种,既能采用顺序存储结构,也能采用链式存储结构,但无论采用哪种存储方式,都必须要满足能够唯一地反映树中各结点之间的逻辑关系。下面介绍 3 种常用的存储结构。

1. 双亲表示法

双亲表示法采用顺序存储结构来实现,采用一组连续空间存储每个结点,同时在每个结点增设一个变量,该变量值为其双亲结点在列表中的索引位置,如图 5.14 所示。

该存储结构利用了每个结点(除根结点外)只有唯一一个双亲的性质,可以很快得到每个结点的双亲结点,但求结点的孩子结点时则需要遍历整个顺序表。

2. 孩子表示法

孩子表示法是将每个结点的孩子结点都用单链表连接起来形成一个线性结构,此时 n 个结点就有 n 个孩子链表(叶结点的孩子链表为空表)。使用孩子表示法来表示图 5.14(a) 中的树,如图 5.15 所示。

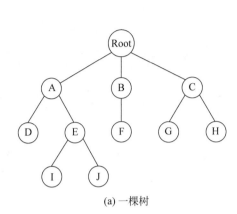

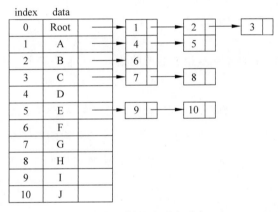

index	data	parent
0	Root	−1
1	A	0
2	B	0
3	C	0
4	D	1
5	E	1
6	F	2
7	G	3
8	H	3
9	I	5
10	J	5

(a) 一棵树　　　　　　　　(b) 双亲表示法

图 5.14　树的双亲表示法

图 5.15　树的孩子表示法

孩子表示法寻找孩子结点的操作非常直接,但寻找双亲结点的操作需要遍历 n 个结点中的孩子链表指针域所指向的 n 个孩子链表。

3. 孩子兄弟表示法

孩子兄弟表示法又称二叉树表示法,即以二叉链表作为树的存储结构。孩子兄弟表示法中,每个结点包括三个部分内容:结点值、指向结点第一个孩子结点的指针和指向结点下一个兄弟结点的指针。用孩子兄弟表示法来表示图 5.14(a)中的树,如图 5.16 所示。

孩子兄弟表示法比较灵活,可以方便地实现树转换为二叉树的操作。通过图 5.16 可以把构建过程总结为"左孩子右兄弟":把自己的第一个孩子结点作为自己的左孩子,把自己的第一个兄弟结点作为自己的右孩子。如果从某结点一直往右孩子遍历则可以找到该结点的所有兄弟结点。如果要找某结点的所有子结点,则可以先找到该结点的左孩子,再遍历该左孩子结点的右孩子路径,如 A 的左孩子为 D,从 D 往右孩子遍历得到 D 和 E,故 D 和 E 都是 A 的孩子结点。

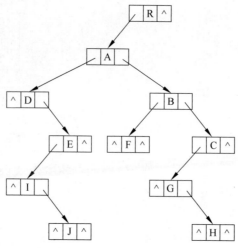

图 5.16　树的孩子兄弟表示法

5.3.2　森林与二叉树的转换

森林（forest）是 $n(n \geq 0)$ 棵互不相交的树的集合。任何一棵树,删除了根结点就变成了森林。

将森林转换为二叉树的规则与树类似,都使用了"左孩子右兄弟"的规律。首先将森林中的每棵树转换为二叉树,由于任何一棵和树对应的二叉树的右子树必定为空,可以把森林中第二棵树根视为第一棵树根的右兄弟,即将第二棵树对应的二叉树当作第一棵二叉树根的右子树,将第三棵树对应的二叉树当作第二棵二叉树根的右子树,依此类推,最终可以将森林转换为二叉树,如图 5.17 所示。

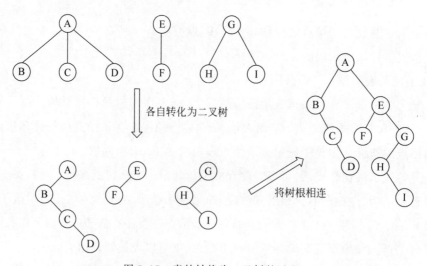

图 5.17　森林转换为二叉树的过程

5.4　二叉树相关算法设计与分析

【例 5.1】　二叉树的最大深度

给定一棵二叉树,求出其最大深度。二叉树的深度为根结点到最远叶结点的最长路径上的结点数。

【分析】

如果已知二叉树左子树和右子树的最大深度分别为 l 和 r,那么就可以得出该二叉树的最大深度为 $\max(l,r)+1$。而左子树和右子树的最大深度又可以相同的方式进行计算。通过自底向上的计算,就能最终得到二叉树的最大深度。根据这个规律,可以选择递归的方法来求得二叉树最大深度。

【算法】

通过递归获得左子树和右子树的最大深度,返回两者的较大值并+1。递归出口结点为空。

【代码】

```python
class Solution:
    def maxDepth(self, root):
        if root is None:                                          # 递归出口
            return 0
        else:
            left_height = self.maxDepth(root.left)                # 获取左子树最大深度
            right_height = self.maxDepth(root.right)              # 获取右子树最大深度
            return max(left_height, right_height) + 1             # 返回最大深度
```

【例 5.2】　二叉树的路径总和

给定二叉树的根结点 root 和一个表示目标和的整数 target,判断二叉树中是否存在从根结点到叶结点的路径,该路径上所有结点值相加和为 target。

【分析】

假定根结点到当前结点路径上的值之和为 val,可以将该问题转化为小问题:求是否存在从当前结点的子结点到叶结点的路径,满足其路径之和为 target−val。故该问题也满足递归的性质,随着向下递归而更新 target 值。若当前结点是叶结点,那么可以直接判断该叶结点值 val 是否等于 target,如果等于则表示找到,否则返回继续遍历二叉树。如果当前结点不是叶结点,则递归地访问其子结点判断其是否满足条件。

【代码】

```python
class Solution(object):
    def hasPathSum(self, root, target):
        if not root:
            return False
        # 假如叶结点等于 target 则返回 True
        if not root.left and not root.right and target == root.val:
            return True
        # 只要找到一个结果为 True 的路径,整体就为 True
```

往下递归并更新 target 值
return self.hasPathSum(root.left, target - root.val) or self.hasPathSum(root.right, target - root.val)

【例 5.3】 翻转一棵二叉树

给定一棵二叉树,请翻转该二叉树,如图 5.18 所示。

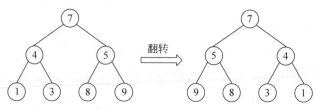

图 5.18 二叉树的翻转过程

【分析】

解决二叉树问题基本都可以用递归的方法来求解。为了翻转二叉树,可以从根结点开始,递归地对二叉树进行遍历,同时交换左右子树的位置,最终则可以得到翻转后的二叉树。

【算法】

(1) 递归出口为空结点;

(2) 递归地得到翻转后的左子树和翻转后的右子树;

(3) 将左右子树位置交换;

(4) 得出翻转后的二叉树。

【代码】

```python
class Solution(object):
    def invertTree(self, root):
        if not root:                              # 递归出口
            return root
        left = self.invertTree(root.left)         # 获取翻转后的左子树
        right = self.invertTree(root.right)       # 获取翻转后的右子树
        root.left, root.right = right, left       # 交换左右子树
        return root
```

【复杂度分析】

时间复杂度:$O(n)$,其中 n 为二叉树的结点数,每个结点都在递归中遍历一次。

空格复杂度:$O(height)$,其中 height 为二叉树的高度。递归函数需要栈空间,而栈空间取决于递归的深度,故空间复杂度等价于二叉树的高度。

小　　结

(1) 树是一种数据结构,它是由 $n(n \geqslant 0)$ 个有限结点组成的一个具有层次关系的集合,属于非线性结构。树与线性结构不同,树中的数据元素具有一对多的逻辑关系。

(2) 二叉树是一种特殊的有序树,它也是由 $n(n \geqslant 0)$ 个有限结点组成的集合。当 $n=0$ 时称为空二叉树。二叉树的每个结点最多只有两棵子树,其子树也为二叉树,互不相交且有

左右之分。

（3）二叉树具有先序遍历、中序遍历、后序遍历和层次遍历4种遍历方式。

（4）哈夫曼树是指给定 n 个带有权值的结点作为叶结点构造出的具有最小带权路径长度的二叉树，也叫哈夫曼树。

（5）哈夫曼编码是数据压缩技术中的无损压缩技术，是一种不等长的编码方案，使所有数据的编码总长度变短。

第6章 图

6.1 图的基本介绍

6.1.1 图的定义

图 G 是一个有序二元组 (V,E)，其中 V 称为顶集(Vertices Set)，E 称为边集(Edges Set)，E 与 V 不相交。它们亦可写成 $V(G)$ 和 $E(G)$。其中，顶集的元素称为顶点(Vertex)，边集的元素称为边(edge)。

E 的元素都是二元组，用 (x,y) 表示，其中 $x,y \in V$。

下面是有关图的一些基本概念。

有向图、无向图：如果给图的每条边规定一个方向，那么得到的图称为有向图，如图 6.1(a)所示。在有向图中，与一个结点相关联的边有出边和入边之分。相反，边没有方向的图称为无向图，如图 6.1(b)所示。

完全图：完全图是指边数达到最大值的图，即在顶点数为 n 的无向图中，边数为 $n(n-1)/2$；在顶点数为 n 的有向图中，边数为 $n(n-1)$，如图 6.1(c)所示。

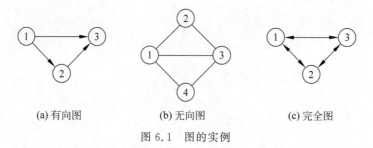

(a) 有向图　　　　　(b) 无向图　　　　　(c) 完全图

图 6.1 图的实例

单图：一个图如果任意两顶点之间只有一条边(在有向图中为两顶点之间每个方向只有一条边)，边集中不含环，则称为单图。

连通图：若 $V(G)$ 中任意两个不同的顶点 V_i 和 V_j 都连通(即有路径)，则称 G 为连通图(Connected Graph)。

连通分量：无向图 G 的极大连通子图称为 G 的连通分量(Connected Component)。任何连通图的连通分量只有一个，即是其自身，非连通的无向图有多个连通分量，如图 6.2 所示。

强连通图：有向图中，若对于 $V(G)$ 中任意两个不同的顶点 V_i 和 V_j，都存在从 V_i 到

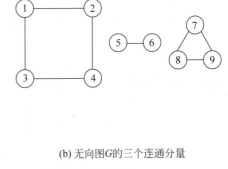

(a) 无向图 G   (b) 无向图 G 的三个连通分量

图 6.2   一个图及其连通分量

V_j 以及从 V_j 到 V_i 的路径,则称为强连通图。

强连通分量:有向图的极大强连通子图称为 G 的强连通分量,强连通图只有一个强连通分量,即是其自身。非强连通的有向图有多个强连通分量。要注意强连通图和强连通分量只是针对有向图而言的。

子图(Sub-Graph):当图 $G'=(V',E')$,其中 V' 包含于 V,E' 包含于 E,则 G' 称作图 $G=(V,E)$ 的子图。每个图都是本身的子图。

度(Degree):一个顶点的度是指与该顶点相关联的边的条数,顶点 v 的度记作 $d(v)$。

入度(In-degree)和出度(Out-degree):对于有向图来说,一个顶点的度可细分为入度和出度。一个顶点的入度是指与其关联的各边之中,以其为终点的边数;出度则是相对的概念,指以该顶点为起点的边数。

自环(Loop):若一条边的两个顶点为同一顶点,则此边称作自环。

路径(Path):从 u 到 v 的一条路径是指一个序列 $v_0,e_1,v_1,e_2,v_2,\cdots,e_k,v_k$,其中,$e_i$ 的顶点为 v_i 及 v_{i-1},k 称作路径的长度。如果它的起止顶点相同,该路径是"闭"的;反之,则称为"开"的。一条路径称为一简单路径(simple path),如果路径中除起始与终止顶点可以重合外,所有顶点两两不等。

网:网指的是边上带权值的图。通常权值为非负实数,可以表示为从一个顶点到另一个顶点的距离、时间和代价等。

6.1.2   图的存储方法

1. 邻接矩阵法

邻接矩阵(Adjacency Matrix)是表示顶点之间相邻关系的矩阵。设 $G=(V,E)$ 是一个图,其中 $V=\{v_1,v_2,\cdots,v_n\}$。G 的邻接矩阵是一个具有下列性质的 n 阶方阵:

(1) 对无向图而言,邻接矩阵一定是对称的,而且主对角线一定为零(在此仅讨论无向简单图),副对角线不一定为 0,有向图则不一定如此。

(2) 在无向图中,任一顶点 i 的度为第 i 列(或第 i 行)所有非零元素的个数,在有向图中顶点 i 的出度为第 i 行所有非零元素的个数,而入度为第 i 列所有非零元素的个数。

(3) 用邻接矩阵法表示图共需要 n^2 个空间,由于无向图的邻接矩阵一定具有对称关系,所以扣除对角线为零外,仅需要存储上三角形或下三角形的数据即可,因此仅需要 $n(n-1)/2$ 个空间。

（4）稠密图适合使用邻接矩阵的存储表示。

图的领接矩阵存储结构定义如下：

```
class MGraph:
    def __init__(self, vexNum = 0, arcNum = 0, Vex = None, Edge = None):
        self.Vex = Vex              # 顶点表
        self.Edge = Edge            # 边表
        self.vexnum = vexNum        # 顶点数
        self.arcnum = arcNum        # 边数
```

假如有一有向图和无向图，如图 6.3 所示，则它们的邻接矩阵表示分别为

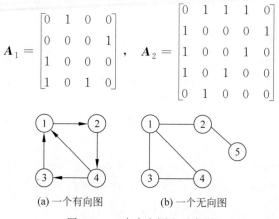

$$A_1 = \begin{bmatrix} 0 & 1 & 0 & 0 \\ 0 & 0 & 0 & 1 \\ 1 & 0 & 0 & 0 \\ 1 & 0 & 1 & 0 \end{bmatrix}, \quad A_2 = \begin{bmatrix} 0 & 1 & 1 & 1 & 0 \\ 1 & 0 & 0 & 0 & 1 \\ 1 & 0 & 0 & 1 & 0 \\ 1 & 0 & 1 & 0 & 0 \\ 0 & 1 & 0 & 0 & 0 \end{bmatrix}$$

(a) 一个有向图   (b) 一个无向图

图 6.3   一个有向图和无向图

2. 邻接表法

图的邻接表存储方法是一种顺序分配和链式分配相结合的存储结构。如果这个表头结点所对应的顶点存在相邻顶点，则把相邻顶点依次存放于表头结点所指向的单向链表中，这个单链表称为该顶点的边表。边表的头指针和顶点的数据信息采用顺序存储（称为顶点表），所以在邻接表中存在两种结点：顶点表结点和边表结点，如图 6.4 所示。

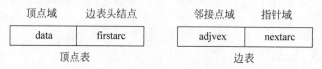

顶点域   边表头结点   邻接点域   指针域

data	firstarc

adjvex	nextarc

顶点表   边表

图 6.4   顶点表和边表结点结构

无向图和有向图的邻接表实例分别如图 6.5 和图 6.6 所示。

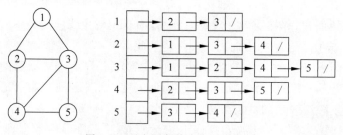

图 6.5   无向图邻接表表示法实例

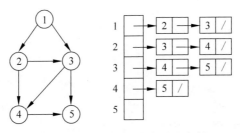

图 6.6　有向图邻接表表示法实例

图的邻接表存储结构定义如下：

```python
# 邻接表的边表结点类
class ArcNode:
    def __init__(self, adjVex, value, nextArc = None):
        self.adjVex = adjVex                            # 该边指向顶点的序号
        self.value = value                              # 边的权值
        self.nextArc = nextArc                          # 指向与顶点相连的下一条边


    # 邻接表的顶点表结点类
    class VNode:
        def __init__(self, data = None, firstNode = None):
            self.data = data                            # 结点值
            self.firstNode = firstNode                  # 指向第一条依附该顶点的边


    # 邻接表类
    class ALGraph:
        def __init__(self, vexNum = 0, arcNum = 0, vex = None, edge = None):
            self.vexNum = vexNum                        # 顶点数
            self.arcNum = arcNum                        # 边数
            self.vex = vex                              # 顶点表
            self.edge = edge                            # 边表
```

3. 邻接表的基本操作

（1）创建无向图。

```python
def create_udg(self):
    vex = self.vex # 获取顶点列表
    self.vex = [None] * self.vexNum                     # 初始化顶点表
    for i in range(self.vexNum):                        # 将顶点列表转化为顶点表结点列表
        self.vex[i] = VNode(vex[i])
    for i in range(self.arcNum):
        a, b = self.edge[i]                             # a,b为边的两个顶点的值
        u, v = self.location_vex(a), self.location_vex(b)  # 获取a和b的顶点序号
        # 由于是无向图,两种方向的边都需要插入
        self.add_arc(u, v, 1)
        self.add_arc(v, u, 1)
```

（2）创建有向图。

创建有向图的操作与创建无向图类似,只不过只需要插入一种方向的边。

```python
def create_dg(self):
    vex = self.vex                              # 获取顶点列表
    self.vex = [None] * self.vexNum             # 初始化顶点表
    for i in range(self.vexNum):                # 将顶点列表转化为顶点表结点列表
        self.vex[i] = VNode(vex[i])
    for i in range(self.arcNum):
        a, b = self.edge[i]                     # a,b 为边的两个顶点的值
        u, v = self.location_vex(a), self.location_vex(b)   # 获取 a 和 b 的顶点序号
        self.add_arc(u, v, 1)
```

（3）插入边结点。

插入边结点的算法 add_arc(i，j，value)是指在边表中插入一个由序号为 i 的顶点指向序号为 j 的顶点的权值为 value 的边结点。插入过程采用头插法。

```python
def add_arc(self, i, j, value):
    # i 为源点序号
    # j 为目标点序号
    # value 为边的权值
    arc = ArcNode(j, value)                     # 建立边表结点
    # 以头插法方式插入到边表
    arc.nextArc = self.vex[i].firstNode
    self.vex[i].firstNode = arc
```

（4）查找顶点序号为 i 的第一个邻接点。

```python
def first_adj(self, i):
    if i < 0 or i >= self.vexNum:
        raise Exception("第 % s 个结点不存在!" % i)
    pre = self.vex[i].firstNode                 # 获取顶点 i 的边表第一个结点
    if pre is not None:                         # 如果顶点 i 存在邻接点
        return pre.adjVex                       # 返回第一个结点的目标点序号
    return -1
```

（5）查找下一个邻接点。

```python
def next_adj(self, i, j):
    # i 为源点序号
    # j 表示当前邻接点序号
    if i < 0 or i >= self.vexNum:
        raise Exception("第 % s 个结点不存在!" % i)
    pre = self.vex[i].firstNode
    while pre is not None:                       # 在边表里遍历查找序号为 j 的邻接点
        if pre.adjVex == j:                      # 遍历到邻接点 j 退出循环
            break
        pre = pre.nextArc
    if pre.nextArc is not None:                  # 如果当前边表结点存在下一个结点
        return pre.nextArc.adjVex                # 返回下一个结点的邻接点序号
    return -1
```

（6）获取顶点 u 到顶点 v 的边权值。

```python
def get_arcs(self, u, v):
```

```
        if u < 0 or u >= self.vexNum:
            raise Exception("第 %s 个结点不存在!" % u)
        if v < 0 or v >= self.vexNum:
            raise Exception("第 %s 个结点不存在!" % v)
        pre = self.vex[u].firstNode          # 获取顶点 u 的边表第一个结点
        # 在顶点 u 的边表里遍历搜寻 u 到 v 的边表结点
        while pre is not None:
            if pre.adjVex == v:              # 表示 u 和 v 相连的边
                return pre.value             # 返回该边权值
            pre = pre.nextArc                # 更新顶点 u 的下一条邻接边结点
        return sys.maxsize                   # 未找到则返回系统最大值
```

图的邻接表存储方法具有以下特点：

（1）若图 G 为无向图，则邻接表存储方法所需的存储空间为 $O(|V| + 2|E|)$；若图 G 为有向图，则所需的存储空间为 $O(|V| + |E|)$。前者是后者的 2 倍，是由于在无向图中，每条边在邻接表中出现了 2 次。

（2）对稀疏图而言，采用邻接表法表示图可以极大地节省存储空间。

（3）在邻接表中，如果给定一个顶点，则能够很容易获得它的所有邻边；而在邻接矩阵需要扫描一整行，花费的时间为 $O(n)$。但是如果要确定给定两个顶点间是否存在边，在邻接矩阵里可以立刻查到；而在邻接表中需要在相应顶点的边表上遍历查询另一个结点，效率较低。

（4）图的邻接表表示不是唯一的，每个顶点的边表各结点次序可以是任意的，它取决于建立邻接表的算法以及边的输入次序。

除了邻接矩阵法和邻接表法，还有十字链表和邻接多重表，有兴趣的读者可以查阅相关资料了解。

【实例操作】

以邻接表存储方法来存储图 6.5 所示的无向图，并输出每个结点所相邻的邻接点。

【代码】

```
# 邻接表的边表结点类
class ArcNode:
    def __init__(self, adjVex, value, nextArc = None):
        self.adjVex = adjVex                 # 该边指向顶点的序号
        self.value = value                   # 边的权值
        self.nextArc = nextArc               # 指向与顶点相连的下一条边


# 邻接表的顶点表结点类
class VNode:
    def __init__(self, data = None, firstNode = None):
        self.data = data                     # 结点值
        self.firstNode = firstNode           # 指向第一条依附该顶点的边


# 邻接表类
class ALGraph:
    def __init__(self, vexNum = 0, arcNum = 0, vex = None, edge = None):
```

```python
        self.vexNum = vexNum                          # 顶点数
        self.arcNum = arcNum                          # 边数
        self.vex = vex                                # 顶点表
        self.edge = edge                              # 边表

    # 根据顶点的值定位其顶点序号
    def location_vex(self, x):
        for i in range(self.vexNum):                  # 按值遍历搜寻顶点表
            if self.vex[i].data == x:
                return i                              # 返回顶点序号
        return -1                                     # 表示未找到该值的顶点

    # 插入边表结点
    def add_arc(self, i, j, value):
        # i 为源点序号
        # j 为目标点序号
        # value 为边的权值
        arc = ArcNode(j, value)                       # 建立边表结点
        # 以头插法方式插入到边表里
        arc.nextArc = self.vex[i].firstNode
        self.vex[i].firstNode = arc

    # 查找顶点序号为 i 的第一个邻接点
    def first_adj(self, i):
        if i < 0 or i >= self.vexNum:
            raise Exception("第 % s 个结点不存在!" % i)
        pre = self.vex[i].firstNode                   # 获取顶点 i 的边表第一个结点
        if pre is not None:                           # 如果顶点 i 存在邻接点
            return pre.adjVex                         # 返回第一个结点的目标点序号
        return -1

    # 查找下一个邻接点
    def next_adj(self, i, j):
        # i 为源点序号
        # j 表示当前邻接点序号
        if i < 0 or i >= self.vexNum:
            raise Exception("第 % s 个结点不存在!" % i)
        pre = self.vex[i].firstNode
        while pre is not None:                        # 在边表里遍历查找序号为 j 的邻接点
            if pre.adjVex == j:                       # 遍历到邻接点 j 退出循环
                break
            pre = pre.nextArc
        if pre.nextArc is not None:                   # 如果当前边表结点存在下一个结点
            return pre.nextArc.adjVex                 # 返回下一个结点的邻接点序号
        return -1

    # 创建无向图
    def create_udg(self):
        vex = self.vex                                # 获取顶点列表
        self.vex = [None] * self.vexNum               # 初始化顶点列表
        for i in range(self.vexNum):                  # 将顶点列表转化为顶点表结点列表
```

```python
            self.vex[i] = VNode(vex[i])
        for i in range(self.arcNum):
            a, b = self.edge[i]                   # a,b为边的两个顶点的值
            u, v = self.location_vex(a), self.location_vex(b)    # 获取a和b的顶点序号
            # 由于是无向图,两种方向的边都需要插入
            self.add_arc(u, v, 1)
            self.add_arc(v, u, 1)

    # 创建有向图
    def create_dg(self):
        vex = self.vex                            # 获取顶点列表
        self.vex = [None] * self.vexNum           # 初始化顶点列表
        for i in range(self.vexNum):              # 将顶点列表转化为顶点表结点列表
            self.vex[i] = VNode(vex[i])
        for i in range(self.arcNum):
            a, b = self.edge[i]                   # a,b为边的两个顶点的值
            u, v = self.location_vex(a), self.location_vex(b)    # 获取a和b的顶点序号
            self.add_arc(u, v, 1)

    # 输出每个结点所相邻的邻接点
    def print_graph(self):
        for i in range(self.vexNum):              # 遍历顶点列表
            print("第%s个结点%s的邻接点:" % (i, self.vex[i].data))
            pre = self.vex[i].firstNode           # 获取该顶点的边表表头
            while pre is not None:                # 遍历边表
                print(self.vex[pre.adjVex].data, end=' ')  # 输出邻接点
                pre = pre.nextArc
            print()


graph = ALGraph(5, 7, [1, 2, 3, 4, 5], [[1, 2], [1, 3], [2, 3], [2, 4], [3, 4], [3, 5],
[4, 5]])                                          # 初始化邻接表类
graph.create_udg()                               # 创建无向图
graph.print_graph()                              # 打印结果
```

【输出】

```
第0个结点1的邻接点:
3 2
第1个结点2的邻接点:
4 3 1
第2个结点3的邻接点:
5 4 2 1
第3个结点4的邻接点:
5 3 2
第4个结点5的邻接点:
4 3
```

6.2 图 的 遍 历

6.2.1 广度优先搜索

广度优先搜索算法(Breadth-First Search,BFS),又译作宽度优先搜索,或横向优先搜索,是一种图形搜索算法。广度优先搜索算法类似于二叉树的层次遍历算法。

对图的广度优先遍历方法描述为:从图中某个顶点 v 出发,在访问该顶点 v 之后,依次访问顶点 v 的所有未被访问过的邻接点,然后再访问每个邻接点的邻接点,且访问顺序应保持先被访问的顶点其邻接点也优先被访问,直到图中的所有顶点都被访问为止。

在广度优先搜索中,要求先被访问的顶点其邻接点也被优先访问,因此,必须对每个顶点的访问顺序进行记录,以便后面按此顺序访问各顶点的邻接点。应利用一个队列结构记录顶点访问顺序,就可以利用队列结构的操作特点,将访问的每个顶点入队,然后,再依次出队,并访问它们的邻接点。同时,为了避免重复访问某个顶点,也需要创建一个一维数组 $visited[0..n-1]$(n 是图中顶点的数目),用来记录每个顶点是否已经被访问过。

广度优先搜索的算法描述如下:

```
# 对图 G 进行广度优先遍历
def bfs_traverse(g):
    global visited                      # 将 visited 设为全局作用域
    visited = [False] * g.vexNum        # 初始化标记数组
    for i in range(g.vexNum):           # 从 0 号顶点遍历
        if not visited[i]:              # 对每个连通分量进行一次 BFS
            bfs(g, i)
```

```
# 广度优先搜索
def bfs(g, i):
    #q = LinkQueue()                    # 建立辅助队列
    q = collections.deque()            # 建立辅助队列
    visited[i] = True                   # 将顶点设为已访问状态
    q.append(i)                         # 将顶点入队
    while len(q):
        cur = q.popleft()               # 将队头结点出队
        print(g.vex[cur].data, end = '')
        vex = g.vex[cur].firstNode      # 获取顶点的第一个邻接点
        while vex is not None:          # 遍历顶点所有的邻接点
            x = vex.adjVex              # 邻接点序号
            if not visited[x]:          # 如果未被访问则标记为已访问并入队
                visited[x] = True
                q.append(x)             # 将新结点入队
            vex = vex.nextArc           # 获取下一个邻接点
```

下面通过实例来演示图的广度优先搜索的过程,如图 6.7 所示。假设从结点 a 开始进行广度优先搜索,先将 a 入队,并把 a 标记为已访问。此时队列非空,将队头结点 a 出队,由于结点 b 和结点 c 都与结点邻接且未被访问过,故将结点 b 和结点 c 入队;此时队列非空,将队头结点 b 出队,由于结点 d 和结点 e 都与结点 b 邻接,故将结点 d 和结点 e 邻接;此时队列非空,将队头结点 c 出队,由于结点 f、g、h 与结点 c 邻接,故将结点 f、g、h 入队;此时队列非空,将队头结点 d 入队,由于没有结点与其邻接,故继续循环出队;当结点 f 作为队头结点出队时,由于结点 i 与其邻接,故将结点 i 入队,……最终取出队头结点 i 之后,队列为空,从而循环结束。此次遍历的结果为 $abcdefghi$。

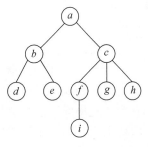

图 6.7 一个图

从上述演示的过程中,不难发现图的广度优先搜索和二叉树的层次遍历是类似的,这也说明了图的广度优先搜索算法是二叉树的层次遍历算法的扩展。

实现广度优先搜索算法总是需要一个辅助队列 Q,n 个顶点均需入队一次,在最坏情况下,空间复杂度为 $O(|V|)$。

采用邻接表存储方式时,每个顶点均需搜索一次(或入队一次),故时间复杂度为 $O(|V|)$,在搜索任一顶点的邻接点时,每条边至少被访问一次,故时间复杂度为 $O(|E|)$,则算法总的时间复杂度为 $O(|V| + |E|)$。采用邻接矩阵存储方式时,查找每个顶点的邻接点的时间复杂度为 $O(|V|)$,故算法中的时间复杂度为 $O(|V|^2)$。

6.2.2 深度优先搜索

深度优先搜索算法(Depth-First Search,DFS)是一种用于遍历或搜索树或图的算法。这个算法会尽可能深地搜索一个图。首先访问某一起始结点 v,然后由结点 v 出发,去访问与结点 v 邻接且未被访问过的任一结点 v_1,再去访问与结点 v_1 邻接且未被访问过的任一结点 v_2,重复如上过程。当不能再往下继续访问时,搜索将回溯到最近被访问的结点,如果该结点还有未被访问的邻接结点,则继续朝该邻接结点搜索下去,直至图中所有的结点都已经被访问过。

因发明深度优先搜索算法,约翰·霍普克洛夫特与罗伯特·塔扬在 1986 年共同获得计算机领域的最高奖——图灵奖。

约翰·E·霍普克洛夫特(John E. Hopcroft),美国康奈尔大学智能机器人实验室主任、计算机科学系工程与应用数学的 IBM 教授,世界计算机科学最高奖图灵奖获得者,美国国家科学院和工程院院士。1961 年在西雅图大学获得电气工程学士学位。1962 年在斯坦福大学获得电子工程硕士学位,1964 年获得博士学位。研究方向主要是计算机科学理论,为评价算法可观的判断标准提出了算法最坏情况下的鉴定算法。他的深入算法是计算机科学的经典教材,也因此被誉为算法大师。1986 年因为在数据结构和算法设计与分析领域重要的基础性贡献而获得图灵奖。2005 年获得 IEEE 哈里·古德纪念奖。2007 年获得计算机研究协会的杰出贡献奖。著作有《算法设计与分析基础》《数据结构与算法》《自动机理论、语言和计算导论》《形式语言及其与自动机的关系》等。

罗伯特·塔扬(Robert Tarjan),计算机科学家,以 LCA、强连通分量等算法闻名。他拥有丰富的商业工作经验,1985 年开始任教于普林斯顿大学。塔扬设计了求解的应用领域的许多问题的广泛有效的算法和数据结构。他已发表了超过 228 篇理论文章(包括杂志,一些著作的一些章节等)。Robert Tarjan 以在数据结构和图论上的开创性工作而闻名。他的一些著名的算法包括 Tarjan 最近共同祖先离线算法、Tarjan 的强连通分量算法以及 Link-Cut-Trees 算法等。其中,Hopcroft-Tarjan 平面嵌入算法是第一个线性时间平面算法。Tarjan 也开创了重要的数据结构,如斐波那契堆和 splay 树,另一项重大贡献是分析了并查集。他是第一个证明了计算反阿克曼函数的乐观时间复杂度的科学家。

深度优先搜索算法由于其向下搜索并且需要回溯的特性,通常以递归的形式来实现,递归形式的实现代码也比较简洁。

深度优先搜索的递归形式算法如下:

```python
# 对图 G 进行深度优先遍历
def dfs_traverse(g):
    global visited                    # 将 visited 设为全局作用域
    visited = [False] * g.vexNum      # 初始化标记数组
    for i in range(g.vexNum):         # 从 0 号顶点遍历
        if not visited[i]:            # 对每个连通分量进行一次 DFS
            dfs(g, i)


# 深度优先搜索
def dfs(g, i):
    visited[i] = True                 # 将顶点设为已访问状态
    print(g.vex[i].data, end = '')
    vex = g.vex[i].firstNode          # 获取顶点的第一个邻接点
    while vex is not None:            # 遍历顶点所有的邻接点
        x = vex.adjVex                # 邻接点序号
        if not visited[x]:            # 如果未被访问则向下访问
            dfs(g, x)                 # 递归地访问下一顶点的邻接点
        vex = vex.nextArc             # 回溯后访问下一个邻接点
```

下面通过实例来演示图的深度优先搜索的过程,遍历过程如图 6.8 所示。假设从结点 a 开始进行深度优先搜索,把结点 a 标记为已访问;向下访问结点 a 的第一个邻接结点 b,把结点 b 标记为已访问;继续向下访问结点 b 的第一个邻接结点 d,把结点 d 标记为已访问;发现结点 d 没有邻接结点,则回溯到结点 b,寻找是否存在与结点 b 邻接的未访问结点,如不存在则继续回溯,依次类推。最终最上层的递归程序结束,所有的结点都被访问完毕。此次遍历的结果为 $abdecfigh$。

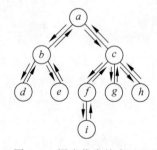

图 6.8　深度优先搜索过程

从深度优先搜索的过程中不难发现,图的深度优先搜索和二叉树的先序遍历是有相通之处的,都是从初始结点开始,逐步往深处搜索。

深度优先搜索算法是一种递归算法,需要借助一个递归工作栈,故其空间复杂度为 $O(|V|)$。当图以邻接表表示时,查找所有顶点的邻接点所需的时间复杂度为 $O(|E|)$,访问顶点所需的时间为 $O(|V|)$,此时,总的时间复杂度为 $O(|V|+|E|)$。当图以邻接矩阵表示时,查找每个顶点的邻接点所需的时间为 $O(|V|)$,故总的时间复杂度为 $O(|V|^2)$。

【实例操作】

以邻接表形式存储如图 6.8 所示的图,输出该图的广度优先搜索和深度优先搜索的结果序列。

【代码】

```python
import collections

# 邻接表的边表结点类
class ArcNode:
    def __init__(self, adjVex, value, nextArc = None):
        self.adjVex = adjVex              # 该边指向顶点的序号
        self.value = value                # 边的权值
        self.nextArc = nextArc            # 指向与顶点相连的下一条边


# 邻接表的顶点表结点类
class VNode:
    def __init__(self, data = None, firstNode = None):
        self.data = data                  # 结点值
        self.firstNode = firstNode        # 指向第一条依附该顶点的边


# 邻接表类
class ALGraph:
    def __init__(self, vexNum = 0, arcNum = 0, vex = None, edge = None):
        self.vexNum = vexNum              # 顶点数
        self.arcNum = arcNum              # 边数
        self.vex = vex                    # 顶点表
        self.edge = edge                  # 边表

    # 根据顶点的值定位其顶点序号
    def location_vex(self, x):
        for i in range(self.vexNum):      # 按值遍历搜寻顶点表
            if self.vex[i].data == x:
                return i                  # 返回顶点序号
        return - 1                        # 表示未找到该值的顶点

    # 插入边表结点
    def add_arc(self, i, j, valuc):
        # i 为源点序号
        # j 为目标点序号
        # value 为边的权值
        arc = ArcNode(j, value)           # 建立边表结点
        # 以头插法方式插入到边表里
        arc.nextArc = self.vex[i].firstNode
        self.vex[i].firstNode = arc

    # 创建无向图
    def create_udg(self):
        vex = self.vex                    # 获取顶点列表
```

```python
        self.vex = [None] * self.vexNum            # 初始化顶点表
        for i in range(self.vexNum):               # 将顶点列表转化为顶点表结点列表
            self.vex[i] = VNode(vex[i])
        for i in range(self.arcNum):
            a, b = self.edge[i]                    # a,b 为边的两个顶点的值
            u, v = self.location_vex(a), self.location_vex(b)    # 获取 a 和 b 的顶点序号
            # 由于是无向图,两种方向的边都需要插入
            self.add_arc(u, v, 1)
            self.add_arc(v, u, 1)


# 对图 G 进行广度优先遍历
def bfs_traverse(g):
    global visited                                 # 将 visited 设为全局作用域
    visited = [False] * g.vexNum                   # 初始化标记数组
    for i in range(g.vexNum):                      # 从 0 号顶点遍历
        if not visited[i]:                         # 对每个连通分量进行一次 BFS
            bfs(g, i)


# 广度优先搜索
def bfs(g, i):
    # q = LinkQueue()                              # 建立辅助队列
    q = collections.deque()                        # 建立辅助队列
    visited[i] = True                              # 将顶点设为已访问状态
    q.append(i)                                    # 将顶点入队
    while len(q):
        cur = q.popleft()                          # 将队头结点出队
        print(g.vex[cur].data, end = '')
        vex = g.vex[cur].firstNode                 # 获取顶点的第一个邻接点
        while vex is not None:                      # 遍历顶点所有的邻接点
            x = vex.adjVex                          # 邻接点序号
            if not visited[x]:                      # 如果未被访问则标记为已访问并入队
                visited[x] = True
                q.append(x)                         # 将新结点入队
            vex = vex.nextArc                       # 获取下一个邻接点


# 对图 G 进行深度优先遍历
def dfs_traverse(g):
    global visited                                 # 将 visited 设为全局作用域
    visited = [False] * g.vexNum                   # 初始化标记数组
    for i in range(g.vexNum):                      # 从 0 号顶点遍历
        if not visited[i]:                         # 对每个连通分量进行一次 DFS
            dfs(g, i)


# 深度优先搜索
def dfs(g, i):
    visited[i] = True                              # 将顶点设为已访问状态
    print(g.vex[i].data, end = '')
```

```
vex = g.vex[i].firstNode                    # 获取顶点的第一个邻接点
while vex is not None:                       # 遍历顶点所有的邻接点
    x = vex.adjVex                           # 邻接点序号
    if not visited[x]:                       # 如果未被访问则向下访问
        dfs(g, x)                            # 递归地访问下一顶点的邻接点
    vex = vex.nextArc                        # 回溯后访问下一个邻接点
```

```
graph = ALGraph(9, 8, ['a', 'b', 'c', 'd', 'e', 'f', 'g', 'h', 'i'], [['a', 'c'], ['a', 'b'], ['c',
'h'], ['c', 'g'], ['c', 'f'], ['b', 'e'], ['b', 'd'], ['f', 'i']])       # 初始化邻接表类
graph.create_udg()                          # 创建无向图
print("该图的广度优先搜索结果序列:")
bfs_traverse(graph)                         # 广度优先遍历
print()                                      # 换行
print("该图的深度优先搜索结果序列:")
dfs_traverse(graph)                         # 深度优先遍历
```

【输出】

```
该图的广度优先搜索结果序列:
a b c d e f g h i
该图的深度优先搜索结果序列:
a b d e c f i g h
```

6.3 图 的 应 用

6.3.1 最小生成树

最小生成树是一幅连通加权无向图中一棵权值最小的生成树。

在一给定的带权无向图 $G=(V,E)$ 中,生成树不同,每棵树的权(即树中所有边上的权值之和)也可能不同。设 S 为 G 的所有生成树的集合,若 T 为 S 中边的权值之和最小的那棵生成树,则 T 称为 G 的最小生成树(Minimum Spanning Tree,MST)。

一个连通图可能有多个生成树。当图中的边具有权值时,总会有一个生成树的边的权值之和小于或者等于其他生成树的边的权值之和。广义上而言,对于非连通无向图来说,它的每一连通分量同样有最小生成树,它们的并称为最小生成森林。以有线电视电缆的架设为例,若只能沿着街道布线,则以街道为边,而路口为顶点,其中必然有一最小生成树能使布线成本最低。

实现最小生成树的算法主要有普里姆(Prim)算法和克鲁斯卡尔(Kruskal)算法。

1. Prim 算法

该算法于 1930 年由捷克数学家沃伊捷赫·亚尔尼克发现;并在 1957 年由美国计算机科学家罗伯特·普里姆独立发现;1959 年,艾兹格·迪科斯彻再次发现了该算法。

Prim 算法步骤如下:

(1) 输入:一个加权连通图,其中顶点集合为 V,边集合为 E;

(2) 初始化:$V_{new}=\{x\}$,其中 x 为集合 V 中的任一结点(起始点),$E_{new}=\{\}$,为空;

（3）重复下列操作，直到 $V_{new}=V$：

① 在集合 E 中选取权值最小的边 $<u,v>$，其中 u 为集合 V_{new} 中的元素，而 v 不在 V_{new} 集合当中，并且 $v\in V$（如果存在多条满足前述条件即具有相同权值的边，则可任意选取其中之一）；

② 将 v 加入集合 V_{new} 中，将 $<u,v>$ 边加入集合 E_{new} 中。

（4）输出：使用集合 V_{new} 和 E_{new} 来描述所得到的最小生成树。

Prim 算法构造最小生成树的过程如图 6.9 所示。

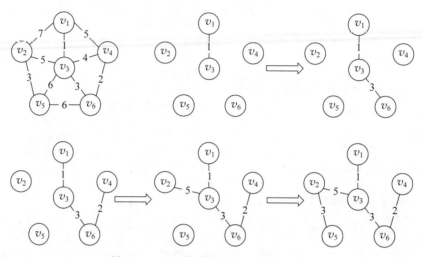

图 6.9　Prim 算法构造最小生成树过程

初始时取顶点 1 加入树 T，此时树中只含有一个顶点，之后再选择一个与当前 T 中顶点集合中距离最近的顶点，并将该顶点和相应的边加入树 T，每次操作后树 T 的顶点数和边数都加一。依此类推，直到图中所有顶点都被加入到树 T 中，得到的树 T 就是最小生成树。如在第一轮中，与 V_1 相连的点有 V_2、V_3、V_4，其中 V_1 到 V_3 的距离最近，故将 V_3 和该边加入树中；在第二轮中，在 V_1 和 V_3 相连的边中再取距离最近的边，故将 V_6 和 V_3 到 V_6 的边加入树中，直至构造最小生成树完成。

Prim 算法构造最小生成树的类描述如下：

```python
class CloseEdge:
    def __init__(self, adjVex, lowCost):
        self.adjVex = adjVex                    # 顶点的值
        self.lowCost = lowCost                  # 到集合的最小距离


class MiniSpanTree:
    # 从顶点 u 出发构造最小生成树，并返回由生成树边组成的二维数组
    def prim(g, u):
        tree = [[None, None] for i in range(g.vexNum - 1)]    # 初始化由生成树边组成的二维
                                                              # 数组
        count = 0
        closeEdge = [None] * g.vexNum            # 边集
        k = g.locate_vex(u)                      # 获取顶点 u 的序号
```

```
# 初始化边集
for j in range(g.vexNum):
    if k != j:
        closeEdge[j] = CloseEdge(u, g.get_arcs(k, j))
closeEdge[k] = CloseEdge(u, 0)                # 自身之间的距离为0

# 构建最小生成树
for i in range(1, g.vexNum):
    k = MiniSpanTree.getMinVex(closeEdge)     # 获取与当前顶点集合距离最近的顶点
                                                 序号

    # 更新生成树边组成的二维数组
    tree[count][0] = closeEdge[k].adjVex
    tree[count][1] = g.vex[k].data
    count += 1
    closeEdge[k].lowCost = 0                   # 加入新顶点后,将边集到该顶点的距离设为0
    # 更新当前的边集
    for j in range(g.vexNum):
        if g.get_arcs(k, j) < closeEdge[i].lowCost:
            closeEdge[j] = CloseEdge(g.v[k], g.get_arc(k, j))
    return tree
```

```
# 选出与当前顶点集合距离最近的顶点序号
def getMinVex(closeEdge):
    minvalue = sys.maxsize
    v = -1
    for i in range(len(closeEdge)):
        if closeEdge[i].lowCost != 0 and closeEdge[i].lowCost < minvalue:
            minvalue = closeEdge[i].lowCost
            v = i
    return v
```

Prim 算法的时间复杂度为 $O(|V|^2)$,不依赖于边数,故该算法更适合求解边稠密的图的最小生成树。

2. Kruskal 算法

Kruskal 算法是在 1956 年发表的。与 Prim 算法从顶点开始扩展最小生成树不同,Kruskal 算法是一种按权值的递增次序选择合适的边来构造最小生成树的方法。

Kruskal 算法步骤如下:

(1) 新建图 G,G 中拥有原图中相同的结点,但没有边;

(2) 将原图中所有的边按权值从小到大排序;

(3) 从权值最小的边开始,如果这条边连接的两个结点于图 G 中不在同一个连通分量中,则添加这条边到图 G 中;

(4) 重复步骤(3),直至图 G 中所有的结点都在同一个连通分量中。

Kruskal 算法构造最小生成树的过程如图 6.10 所示。

通常在 Kruskal 算法中,采用堆来存放边的集合,因此每次选择最小权值边只需 $O(\log|E|)$ 的时间,故总的时间复杂度为 $O(|E|\log|E|)$。由于 Kruskal 算法的时间复杂度与图中的边数相关,故 Kruskal 算法适合于边稀疏而顶点较多的图。

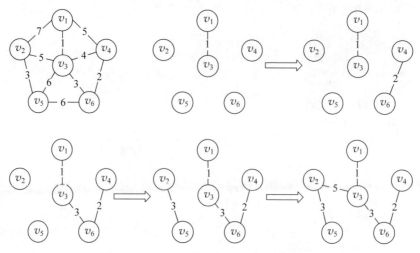

图 6.10　Kruskal 算法构造最小生成树过程

6.3.2　最短路径

最短路径问题是图论研究中的一个经典算法问题，旨在寻找图（由结点和路径组成的）中两结点之间的最短路径。其中带权有向图 G 的最短路径问题一般可分类为两种：一是单源最短路问题，即已知起始结点，求最短路径的问题，在边权非负时适合使用 Dijkstra 算法，若边权为负时则适合使用 Floyd 算法；二是求每对顶点间的最短路径，可通过 Floyd 算法求解。

1. Dijkstra 算法

Dijkstra 算法是荷兰计算机科学家 Edsger Wybe Dijkstra 在 1956 年发现的算法，并于 3 年后在期刊上发表。Dijkstra 算法使用类似广度优先搜索的方法解决赋权图的单源最短路径问题。

Edsger Wybe Dijkstra（1930 年 5 月 11 日—2002 年 8 月 6 日），生于荷兰鹿特丹，计算机科学家，毕业就职于荷兰莱顿大学，早年钻研物理及数学，而后转为计算学。曾在 1972 年获得过素有计算机科学界的诺贝尔奖之称的图灵奖，之后他还获得过 1974 年 AFIPS Harry Goode Memorial Award、1989 年 ACM SIGCSE 计算机科学教育教学杰出贡献奖，以及 2002 年 ACM PODC 最具影响力论文奖。

从鹿特丹到格罗宁根的最短路径是什么？实际上，这就是对于任意两座城市之间的最短路径问题。解决这个问题实际上大概只花了我 20 分钟：一天早上，我和我的未婚妻在阿姆斯特丹购物，之后我们便坐在咖啡馆的露台上喝咖啡，然后我就试了一下能否用一个算法解决最短路问题。正如我所说，这是一个 20 分钟的发现。不过实际上，我在 3 年后的 1959 年才把这个算法发表在论文上。即使现在来看这篇论文的可读性也非常高，这个算法之所以如此优雅，其中一个原因就是我没用笔纸就设计了它。后来我才知道，没用笔纸设计的优点之一是你不得不避免所有可避免的复杂问题。令我惊讶的是，这个算法最终成为我成名的基石之一。

——Edsger Wybe Dijkstra 在 2001 年的采访中提到 Dijkstra 算法的发现历程

Dijkstra算法设置一个集合 S 记录已求得最短路径的顶点,初始时把源点 v_0 放入 S,集合 S 每并入一个新顶点 v_i,都要更新源点 v_0 到集合 V-S 中顶点当前的最短路径长度值。

Dijkstra算法在构造中需要设置两个辅助数组:

(1) dist[]:记录从源点 v_0 到其他各顶点当前的最短路径长度。该数组初始化时,若从 v_0 到 v_i 存在弧,则 dist[i] 设为该弧的权值,否则设为 ∞。

(2) path[]:path[i] 表示从源点到顶点 i 之间最短路径的前驱结点。在算法结束时,可以根据该数组来追溯源点 v_0 到顶点 v_i 的最短路径所经过的各结点。

Dijkstra算法的步骤如下:

(1) 初始时令集合 $S=\{0\}$,dist[] 对应 v_0 到各顶点的距离值。

(2) 从顶点集合 V-S 中选出 v_j,满足 dist[j]$=$Min$\{$dist[i]$|v_i\in V$-$S\}$,v_j 就是当前求得的一条从 v_0 出发的最短路径的终点,令 $S=S\cup\{j\}$。

(3) 修改从 v_0 出发到集合 V-S 上任一顶点 v_k 可达的最短路径长度。若 dist[j]$+$arcs[j][k]$<$dist[k],则更新 dist[k]$=$dist[j]$+$arcs[j][k]。

(4) 重复步骤(2)~(3)操作 $n-1$ 次,直到所有顶点都包含在 S 中。

下面通过实例来演示 Dijkstra 算法的过程,如图 6.11 和表 6.1 所示。算法执行过程的说明如下。

初始化:集合 S 初始为 $\{v_1\}$,v_1 可到达 v_2 和 v_5,不能到达 v_3 和 v_4,故 dist[] 数组各元素的初始值依次设置为 dist[2]$=$10,dist[3]$=\infty$,dist[4]$=\infty$,dist[5]$=$5。

第 1 轮:选出 dist[] 中的最小值 dist[5],将顶点 v_5 并入集合 S,即此时已经找到 v_1 到 v_5 的最短路径。当 v_5 加入到集合 S 后,从 v_1 到集合 V-S 中可达顶点的最短路径长度可能会发生变化,因此需要更新 dist[] 数组。v_5 可以到达 v_2,由于 $v_1 \rightarrow v_5 \rightarrow v_4$ 的距离 8 比 dist[2]$=$10 要小,故更新 dist[2] 为 8;v_5 可以到达 v_3,由于 $v_1 \rightarrow v_5 \rightarrow v_3$ 的距离 14 比 dist[3]$=\infty$ 要小,故更新 dist[3] 为 14;v_5 可以到达 v_4,由于 $v_1 \rightarrow v_5 \rightarrow v_4$ 的距离 7 比 dist[4]$=\infty$ 要小,故更新 dist[4] 为 7。

第 2 轮:选出最小值 dist[4],将顶点 v_4 并入集合 S,继续更新 dist[] 数组。v_4 不可到达 v_2,则 dist[2] 不变;v_4 可到达 v_3,$v_1 \rightarrow v_5 \rightarrow v_4 \rightarrow v_3$ 的距离 13 比 dist[3]$=$14 要小,故更新 dist[3] 为 13。

第 3 轮:选出最小值 dist[2],将顶点 v_2 并入集合 S,继续更新 dist[] 数组。v_2 可到达 v_3,$v_1 \rightarrow v_5 \rightarrow v_2 \rightarrow v_3$ 的距离 9 比 dist[3] 小,故更新 dist[3] 为 9。

第 4 轮:选出唯一的最小值 dist[3],将顶点 v_3 并入集合 S,此时全部的顶点都已包含在 S 中。

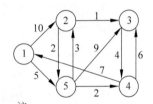

注:
每轮得到的最短路径如下:
第1轮:1→5,路径距离为5
第2轮:1→5→4,路径距离为7
第3轮:1→5→2,路径距离为8
第4轮:1→5→2→3,路径距离为9

图 6.11 Dijkstra算法每轮
计算过程

表 6.1 从 v_1 到各终点的 dist 值和最短路径的求解过程

顶点	第 1 轮	第 2 轮	第 3 轮	第 4 轮
2	10 $v_1 \rightarrow v_2$	8 $v_1 \rightarrow v_5 \rightarrow v_2$	8 $v_1 \rightarrow v_5 \rightarrow v_2$	

图

顶点	第 1 轮	第 2 轮	第 3 轮	第 4 轮
3	∞	14 $v_1 \to v_5 \to v_3$	13 $v_1 \to v_5 \to v_4 \to v_3$	9 $v_1 \to v_5 \to v_2 \to v_3$
4	∞	7 $v_1 \to v_5 \to v_4$		
5	5 $v_1 \to v_5$			
集合 S	$\{1,5\}$	$\{1,5,4\}$	$\{1,5,4,2\}$	$\{1,5,4,2,3\}$

从过程说明中可以发现,Dijkstra 算法是基于贪心策略的。在使用邻接矩阵或邻接表存储方法存储图时,Dijkstra 算法的时间复杂度都为 $O(|V|^2)$。Dijkstra 算法有一个值得注意的缺点,即当边上带有负权值时该算法并不适用。若允许边上带有负权值,则在与 S(已求得最短路径的顶点集)内某点(记为 v_1)以负边相连的点(记为 v_2)确定其为最短路径时,其最短路径长度加上这条负边的权值结果可能小于 v_1 原先确认的最短路径长度,而此时 v_1 在 Dijkstra 算法下是无法更新的。

2. Floyd 算法

Floyd 算法是解决任意两点间的最短路径的一种算法,可以正确处理有向图或负权(但不可存在负权回路)的最短路径问题。

Floyd 算法的原理是动态规划。其算法步骤如下:

(1) 设 $D_{i,j,k}$ 为从 i 到 j 的只以 $(1..k)$ 集合中的结点为中间结点的最短路径长度。

(2) 若最短路径经过点 k,则 $D_{i,j,k} = D_{i,k,k-1} + D_{k,j,k-1}$;

若最短路径不经过点 k,则 $D_{i,j,k} = D_{i,j,k-1}$。

(3) $D_{i,j,k} = \min(D_{i,j,k-1}, D_{i,k,k-1}, D_{k,j,k-1})$。

Floyd 算法的时间复杂度为 $O(|V|^3)$。

6.3.3 拓扑排序

在整个工程中,有些子工程(活动)必须在其他有关子工程完成之后才能开始,也就是说,一个子工程的开始是以它的所有前序子工程的结束为先决条件的,但有些子工程没有先决条件,可以安排在任何时间开始。为了形象地反映出整个工程中各个子工程(活动)之间的先后关系,可用一个有向图来表示,图中的顶点代表活动(子工程),图中的有向边代表活动的先后关系,即有向边的起点的活动是终点活动的前序活动,只有当起点活动完成之后,其终点活动才能进行。通常,把这种顶点表示活动、边表示活动间先后关系的有向图称作顶点活动网(Activity On Vertex network),简称 AOV 网。

一个 AOV 网应该是一个有向无环图,即不应该带有回路,因为若带有回路,则回路上的所有活动都无法进行。在 AOV 网中,若不存在回路,则所有活动可排列成一个线性序列,使得每个活动的所有前驱活动都排在该活动的前面,我们把此序列叫作拓扑序列(topological order),由 AOV 网构造拓扑序列的过程叫作拓扑排序(topological sort)。AOV 网的拓扑序列不是唯一的,满足上述定义的任一线性序列都可称作它的拓扑序列。

由 AOV 网构造出拓扑序列的实际意义是:如果按照拓扑序列中的顶点次序,在开始每一项活动时，能够保证它的所有前驱活动都已完成，从而使整个工程顺序进行，不会出现冲突的情况。

在图论中，由一个有向无环图的顶点组成的序列，当且仅当满足下列条件时，才能称为该图的一个拓扑排序：

（1）序列中包含每个顶点，且每个顶点只出现一次；

（2）若 A 在序列中排在 B 的前面，则在图中不存在从 B 到 A 的路径。

有向无环图的拓扑排序过程如图 6.12 所示。

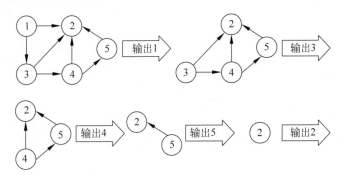

图 6.12　有向无环图的拓扑排序过程

每一轮选择一个入度为 0 的顶点并输出，然后删除该顶点和所有以它为起点的有向边，所以该图最后得到的拓扑排序结果为{1，3，4，5，2}。

拓扑排序的算法如下：

```
# 建立入度列表
def findIndgree(g):
    indgree = [0] * g.vexNum          # 记录各顶点的入度列表
    for u in range(g.vexNum):          # 遍历每一个顶点的边表
        v = g.vex[u].firstNode         # 边表结点值
        while v is not None:           # 遍历当前顶点的每一个边表结点
            x = v.adjVex
            indgree[x] += 1            # 入度 +1
            v = v.nextArc              # 沿边表向后遍历
    return indgree

# 拓扑排序
def topoSort(g):
    indgree = findIndgree(g)
    count = 0                          # 记录已经输出的顶点数
    q = LinkQueue()                    # 创建队列
    for i in range(g.vexNum):          # 将所有入度为 0 的顶点入队
        if indgree[i] == 0:
            q.push(i)
    while not q.is_empty():            # 当队列为非空
        u = q.pop()                    # 出队
        print(g.vex[u].data, end = '') # 输出顶点
        v = g.vex[u].firstNode         # 获取该顶点的边表头结点
        while v is not None:           # 遍历当前点的邻接点
            x = v.adjVex               # 出队顶点的邻接点序号
            indgree[x] -= 1            # 将相邻的顶点入度 -1
```

```
                    if indgree[x] == 0:                      # 如果入度变为 0 则入队
                        q.push(x)
                v = v.nextArc
        if count < g.vexNum:
            return False                                     # 排序失败,有向图中存在环
        else:
            return True                                      # 拓扑排序成功
```

由于拓扑排序中输出每个顶点的同时还要删除以它为起点的边,故拓扑排序的时间复杂度为 $O(|V|+|E|)$。

【实例操作】

以邻接表的存储方式存储如图 6.12 所示的有向图,对其进行拓扑排序,并输出拓扑排序序列。

【代码】

```
import collections


# 邻接表的边表结点类
class ArcNode:
    def __init__(self, adjVex, value, nextArc = None):
        self.adjVex = adjVex                                 # 该边指向顶点的序号
        self.value = value                                   # 边的权值
        self.nextArc = nextArc                               # 指向与顶点相连的下一条边


# 邻接表的顶点表结点类
class VNode:
    def __init__(self, data = None, firstNode = None):
        self.data = data                                     # 结点值
        self.firstNode = firstNode                           # 指向第一条依附该顶点的边


# 邻接表类
class ALGraph:
    def __init__(self, vexNum = 0, arcNum = 0, vex = None, edge = None):
        self.vexNum = vexNum                                 # 顶点数
        self.arcNum = arcNum                                 # 边数
        self.vex = vex                                       # 顶点表
        self.edge = edge                                     # 边表

    # 根据顶点的值定位其顶点序号
    def location_vex(self, x):
        for i in range(self.vexNum):                         # 按值遍历搜寻顶点表
            if self.vex[i].data == x:
                return i                                     # 返回顶点序号
        return -1                                            # 表示未找到该值的顶点

    # 插入边表结点
    def add_arc(self, i, j, value):
```

```python
        # i 为源点序号
        # j 为目标点序号
        # value 为边的权值
        arc = ArcNode(j, value)                    # 建立边表结点
        # 以头插法插入到边表
        arc.nextArc = self.vex[i].firstNode
        self.vex[i].firstNode = arc


    # 创建有向图
    def create_dg(self):
        vex = self.vex                             # 获取顶点列表
        self.vex = [None] * self.vexNum            # 初始化顶点表
        for i in range(self.vexNum):               # 将顶点列表转化为顶点表结点列表
            self.vex[i] = VNode(vex[i])
        for i in range(self.arcNum):
            a, b = self.edge[i]                    # a,b 为边的两个顶点的值
            u, v = self.location_vex(a), self.location_vex(b)        # 获取 a 和 b 的顶点序号
            self.add_arc(u, v, 1)


# 建立入度列表
def findIndgree(g):
    indgree = [0] * g.vexNum                        # 记录各顶点的入度列表
    for u in range(g.vexNum):                       # 遍历每一个顶点的边表
        v = g.vex[u].firstNode
        while v is not None:                        # 遍历当前顶点的每一个边表结点
            x = v.adjVex                            # 边表结点值
            indgree[x] += 1                         # 入度 +1
            v = v.nextArc                           # 沿边表向后遍历
    return indgree


# 拓扑排序
def topoSort(g):
    indgree = findIndgree(g)
    count = 0                                       # 记录已经输出的顶点数
    q = collections.deque()                         # 为简略代码,使用 collections 库来创建队列
    for i in range(g.vexNum):                       # 将所有入度为 0 的顶点入队
        if indgree[i] == 0:
            q.append(i)
    while len(q) != 0:                              # 当队列为非空
        u = q.popleft()                             # 出队
        print(g.vex[u].data, end = '')              # 输出顶点
        v = g.vex[u].firstNode                      # 获取该顶点的边表头结点
        while v is not None:                        # 遍历当前点的邻接点
            x = v.adjVex                            # 出队顶点的邻接点序号
            indgree[x] -= 1                         # 将相邻的顶点入度 - 1
            if indgree[x] == 0:                     # 如果入度变为 0 则入队
                q.append(x)
            v = v.nextArc
    if count < g.vexNum:
        return False                                # 排序失败,有向图中存在环
    else:
```

```
                return True                          # 拓扑排序成功


graph = ALGraph(5, 7, [1, 2, 3, 4, 5], [[1, 2], [1, 3], [3, 2], [3, 4], [4, 2], [4, 5], [5, 2]])
                                                     # 初始化邻接表类
graph.create_dg()                                    # 创建有向图
topoSort(graph)
```

【输出】

```
1 3 4 5 2
```

6.3.4 关键路径

关键路径通常是决定项目工期的进度活动序列。它是项目中最长的路径,即使很小浮动也可能直接影响整个项目的最早完成时间。关键路径的工期决定了整个项目的工期。关键路径上的活动称为关键活动。关键路径在 20 世纪 50 年代由杜邦公司的 Morgan R. Walker 和 James E. Kelley 提出。

用顶点表示事件,弧表示活动,弧上的权值表示活动持续时间的带权有向图叫顶点活动网(Activity On Edge network),简称 AOE 网。AOE 网有以下特点:

(1) 只有在某顶点所代表的事件发生后,从该顶点出发的各有向边所代表的活动才能开始。

(2) 只有在进入某一顶点的各有向边所代表的活动都已经结束,该顶点所代表的事件才能发生。

在 AOE 网中,仅有一个入度为 0 的顶点,称为开始顶点(源点),它表示整个工程的开始;网中也仅存在一个出度为 0 的顶点,称为结束顶点(汇点),它表示整个工程的结束。

在 AOE 网中,有些活动是可以并行进行的。从源点到汇点的有向路径可能有多条,并且这些路径长度可能不同。完成不同路径上的活动所需的时间虽然不同,但是只有所有路径上的活动都已经完成,整个工程才算结束。因此从源点到汇点的所有路径中,具有最大路径长度的路径称为关键路径,而把关键路径上的活动称为关键活动。

完成整个工程的最短时间就是关键路径的长度,即关键路径上各活动花费开销的总和。这是因为关键活动影响了整个工程的时间,若关键活动不能按时完成,则整个工程的完成时间就会延长。所以说找到了关键路径,就能得出整个工程的最短完成时间。

寻找关键活动时会用到几个参量的定义。

1. 事件 v_k 的最早发生时间 $ve(k)$

它是指从源点 v_1 到顶点 v_k 的最长路径长度。事件 v_k 的最早发生事件决定了所有从 v_k 开始的活动能够开工的最早事件。可用以下的递推公式来计算:

$$ve(源点) = 0$$

$ve(k) = \text{Max}\{ve(j) + \text{Weight}(v_j, v_k)\}$,其中 v_k 为 v_j 的任意后继,$\text{Weight}(v_j, v_k)$ 表示 $<v_j, v_k>$ 上的权值。

2. 事件 v_k 的最迟发生时间 $vl(k)$

它是指在不推迟整个工程完成的前提下,即保证它的后继事件 v_j 在其最迟发生时间

$vl(j)$能够发生时,该事件最迟必须发生的时间。可用以下的递推公式来计算:

$$vl(汇点) = ve(汇点)$$

$vl(k) = \text{Min}(vl(j) - \text{Weight}(v_k, v_j))$,其中 v_k 为 v_j 的任意前驱。

3. 活动 a_i 的最早开始时间 $e(i)$

它是指该活动弧的起点所表示的事件的最早发生时间。若边$<v_k, v_j>$表示活动 a_i,则有 $e(i) = ve(k)$。

4. 活动 a_i 的最迟开始时间 $l(i)$

它是指该活动弧的终点所表示事件的最迟发生时间与该活动所需时间之差。若边$<v_k, v_j>$表示活动 a_i,则有 $l(i) = vl(i) - \text{Weight}(v_k, v_j)$。

5. 一个活动 a_i 的最迟开始时间 $l(i)$ 和其最早开始时间 $e(i)$ 的差额 $d(i) = l(i) - e(i)$

它是指该活动完成的时间余量,即在不增加完成整个工程所需总时间的情况下,活动 a_i 可以拖延的时间。若一个活动的时间余量为0,则说明该活动必须要如期完成,否则就会拖延整个工程的进度,所以称 $l(i) - e(i) = 0$ 即 $l(i) = e(i)$ 的活动 a_i 是关键活动。

求关键路径的算法步骤如下:

(1) 从源点出发,令 $ve(源点) = 0$,按拓扑有序求其余顶点的最早发生时间 $ve()$。

(2) 从汇点出发,令 $vl(汇点) = ve(汇点)$,按逆拓扑有序求其余顶点的最迟发生时间 $vl()$。

(3) 根据各顶点的 $ve()$ 值求所有弧的最早开始时间 $e()$。

(4) 根据各顶点的 $vl()$ 值求所有弧的最迟开始时间 $l()$。

(5) 求 AOE 网中所有活动的差额 $d()$,找出所有 $d() = 0$ 的活动构成关键路径。

图 6.13 展示了求解关键路径的过程,得到的关键路径为(v_1, v_3, v_4, v_6)。

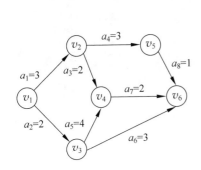

	v_1	v_2	v_3	v_4	v_5	v_6
$ve(i)$	0	3	2	6	6	8
$vl(i)$	0	4	2	6	7	8

	a_1	a_2	a_3	a_4	a_5	a_6	a_7	a_8
$e(i)$	0	0	3	3	0	2	6	6
$l(i)$	1	0	4	4	2	5	6	7
$l(i)-e(i)$	1	0	1	1	0	3	0	1

图 6.13　求解关键路径的过程

对于关键路径,需要注意以下几点:

(1) 关键路径上的所有活动都是关键路径,它是决定整个工程的关键因素,因此可通过加快关键活动来缩短整个工程的工期。但也不能任意缩短关键活动,因为一旦缩短到一定的程度,该关键活动就可能会变成非关键活动。

(2) 网中的关键路径并不唯一,且对于有几条关键路径的网,只提高一条关键路径上的关键活动速度并不能缩短整个工程的工期,只有加快那些包括在所有关键路径上的关键活动才能达到缩短工期的目的。

关键路径可用于各类项目,包括建筑、空间和军事、软件开发、研究项目、产品研发、工程、工厂维护等。

小　　结

（1）图是一种数据元素间具有"多对多"关系的非线性数据结构，由顶点集 V 和边集 E 组成，记作 $G=(V,E)$。

（2）图的常见存储结构有邻接矩阵、邻接表、十字链表、邻接多重表等。邻接矩阵采用二维数组存储，邻接表、十字链表、邻接多重表采用链式结构存储。邻接矩阵适合存储稠密图，邻接表适合存储稀疏图。

（3）图的遍历方式分为广度优先搜索遍历和深度优先搜索遍历。广度优先搜索遍历通常借助队列来实现，深度优先搜索遍历通常利用递归方法来实现。

（4）在一个网的所有生成树中权值总和最小的生成树称为最小生成树，最小生成树不一定是唯一的。建立最小生成树的算法有 Prim 算法和 Kruskal 算法。

（5）最短路径的求解问题主要分为两类：求某个顶点到其余顶点的最短路径和求每对顶点间的最短路径。可以分别使用 Dijkstra 算法和 Floyd 算法解决这两类问题。

（6）顶点表示活动、边表示活动间先后关系的这种有向图称作顶点活动网（Activity On Vertex network），简称 AOV 网。在 AOV 网中，若不存在回路，则所有活动可排列成一个线性序列，使得每个活动的所有前驱活动都排在该活动的前面，我们把此序列叫作拓扑序列，由 AOV 网构造拓扑序列的过程叫作拓扑排序。AOV 网的拓扑序列不是唯一的。

第7章 查　找

7.1　查找的基本概念

1. 查找

在数据集合中寻找满足某种条件的数据元素的过程称为查找。查找是数据结构的一种基本操作,查找的效率决定了计算机某些应用系统的效率。查找算法依赖于数据结构,不同的数据结构需要采用不同的查找算法。查找的结果一般分为两种:一是查找成功,即在数据集合中找到了满足条件的数据元素;二是查找失败。

2. 查找表

用于查找的数据集合称为查找表,它由同一类型的数据元素或记录组成,可以是一个数组或者链表等数据类型。在查找表中常做的操作有 4 种:①查询某个特定的数据元素是否在查找表中;②检索满足条件的某个特定的数据元素的各种属性;③在查找表中插入一个数据元素;④从查找表中删除某个数据元素。

查找表可分为静态查找表和动态查找表两种。静态查找表是指对表的操作中不包括对表的修改的表;动态查找表是指对表的操作中包括对表中的记录进行插入或删除操作的表。适合静态查找表的查找方法有顺序查找、二分查找、散列查找等。适合动态查找表的查找方法有排序二叉树的查找、散列查找等。

3. 关键字

数据元素中唯一标识该元素的某个数据项的值,使用基于关键字的查找,查找结果应该是唯一的。例如,在由一个图书元素构成的数据集合中,图书元素中“编号”这一数据项的值唯一地标识一本图书。

4. 平均查找长度

在查找过程中,一次查找的长度是指需要比较的关键字次数,而平均查找长度则是所有查找过程中进行关键字的比较次数的平均值,其数学定义为

$$\mathrm{ASL} = \sum_{i=1}^{n} P_i C_i$$

式中,n 是查找表的长度;P_i 是查找第 i 个数据元素的概率,一般认为每个数据元素的查找概率相等,即 $P_i = 1/n$;C_i 是查找到第 i 个数据元素所需进行的比较次数。平均查找长度是衡量查找算法效率的最主要指标。

7.2 顺序查找和二分查找

7.2.1 顺序查找

顺序查找是一种最直观的查找方法,其基本思想就是从线性表的一端开始,逐个检查关键字是否满足给定的条件。若查找到某个元素的关键字满足给定条件,则查找成功,返回该元素在线性表的位置,否则返回查找失败的信息。

顺序查找的算法如下:

```python
def seqSearch(key, list):
    for i in range(len(list)):          # 遍历列表
        if list[i] == key:              # 如果当前元素等于给定值 key
            return i                    # 查找成功,返回其在列表中的下标
    return -1                           # 查找失败,返回 -1
```

对于有 n 个元素的表,给定值 key 与表中的第 i 个元素相等,即定位第 i 个元素时,需进行 $i+1$ 次关键字的比较,即 $C_i = i+1$。查找成功时,顺序查找的平均长度为

$$\text{ASL}_{成功} = \sum_{i=0}^{n-1} P_i (i+1)$$

当每个元素的查找概率相等,即 $P_i = 1/n$ 时,有

$$\text{ASL}_{成功} = \frac{1}{n} \sum_{i=0}^{n-1} (i+1) = \frac{n+1}{2}$$

若查找失败,与表中各关键字的比较次数为 n,则顺序查找的时间复杂度为 $O(n)$。

7.2.2 二分查找

二分查找算法(binary search algorithm)是一种在有序数组中查找某一特定元素的搜索算法,又称折半查找。搜索过程从数组的中间元素开始,如果中间元素正好是要查找的元素,则搜索过程结束;如果某一特定元素大于或者小于中间元素,则在数组大于或小于中间元素的那一半中查找,而且跟开始一样从中间元素开始比较。如果某一步骤数组为空,则代表找不到。这种搜索算法每一次比较都使搜索范围缩小一半。

二分查找的算法如下:

```python
def binarySearch(key, list):
    n = len(list)                       # 获取列表长度
    if n > 0:                           # 如果列表非空
        low = 0
        high = n - 1
        while low <= high:
            mid = (low + high) // 2     # 取中间位置
            if list[mid] == key:        # 查找成功则返回所在位置
                return mid
            elif list[mid] < key:       # 从后半部分继续查找
                low = mid + 1
            else:                       # 从前半部分继续查找
```

```
            high = mid - 1
    return - 1                              # 查找失败,返回 -1
```

例如,已知有一有序列{5,8,13,17,20,28,33,44,49,51,53},在该序列中查找元素 8 的过程如图 7.1 所示。

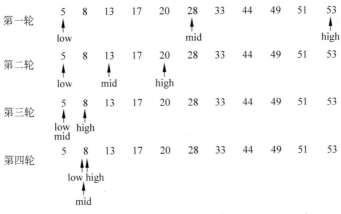

图 7.1　二分查找过程

假设查找每个数据元素的概率相等,对于一个长度为 $n=2k-1$ 的有序表,线性表最多被平分 $k=\log_2(n+1)$ 次即可完成查找。在第 i 次查找中可以找到的元素个数为 2^{i-1} 个,所以其查找成功的平均查找长度为

$$\text{ASL} = \sum_{i=0}^{k} P_i C_i = \frac{1}{n} \sum_{i=0}^{k} (i \times 2^{i-1}) = \frac{n+1}{n} \log_2(n+1) - 1 \approx \log_2(n+1) - 1$$

故二分查找的时间复杂度为 $O(\log_2 n)$,平均情况下比顺序查找的效率高。

7.3　散　列　表

7.3.1　散列表的基本概念

散列表(Hash table),也叫哈希表,是根据关键码值(key value)而直接进行访问的数据结构。也就是说,它通过把关键码值映射到表中一个位置来访问记录,以加快查找的速度。这个映射函数叫作散列函数,记为 Hash(key)＝Addr。

散列函数可能会把两个或两个以上不同的关键字映射到同一散列地址,即 $k_1 \neq k_2$,而 $f(k_1)=f(k_2)$,这种现象称为冲突(collision)。具有相同函数值的关键字对该散列函数来说称作同义词。所以在设计散列表时,一方面,设计合适的散列函数来尽量减少这样的冲突;另一方面,由于这样的冲突总是不可避免的,所以还要设计好处理冲突的方式。

理想情况下,对散列表进行查找的时间复杂度为 $O(1)$,即与表中元素的个数无关。

7.3.2　散列表的构造方法

散列函数能使对一个数据序列的访问过程更加迅速有效,通过散列函数,数据元素将被更快定位。

在构造散列函数时,需要遵循以下几项原则:

（1）散列函数的定义域必须包含全部需要存储的关键字，而值域的范围则依赖于散列表的大小或地址范围。

（2）散列函数计算出来的地址应该能够等概率、均匀地分布在整个地址空间中，从而减少冲突的发生。

（3）散列函数应尽量简单，能够在较短的时间内计算出任一关键字对应的散列地址。

下面介绍几种常用的散列函数。

1. 直接寻址法

取关键字或关键字的某个线性函数值为散列地址。散列函数为

$$H(\text{key}) = \text{key} \ \text{或} \ H(\text{key}) = a \times \text{key} + b$$

式中，a 和 b 为常数。这种方法计算最简单，且不会产生冲突。它适合关键字分布基本连续的情况，若关键字分布不连续，则会造成存储空间的浪费。

2. 除留余数法

取关键字被某个不大于散列表表长 m 的数 p 除后所得的余数为散列地址。散列函数为

$$H(\text{key}) = \text{key} \% p$$

该方法不仅可以对关键字直接取模，也可在折叠、平方取中等运算之后取模。对 p 的选择很重要，一般取素数或 m，以尽可能减少冲突的可能性。若 p 选得不好，则容易产生同义词。

3. 数字分析法

分析一组数据，比如一组员工的出生年月日，这时我们发现出生年月日的前几位数字大体相同，这样，出现冲突的概率就会很大，但是我们发现年月日的后几位表示月份和具体日期的数字差别很大，如果用后面的数字来构成散列地址，则冲突的概率会明显降低。因此数字分析法就是找出数字的规律，尽可能利用这些数据来构造冲突概率较低的散列地址。这种方法适用于已知的关键字集合，但如果更换了关键字，则需要重新构造新的散列函数。

4. 平方取中法

当无法确定关键字中哪几位分布较均匀时，可以先求出关键字的平方值，然后按需要取平方值的中间几位作为散列地址。这是因为：平方后中间几位和关键字中每一位都相关，故不同关键字会以较高的概率产生不同的散列地址。

7.3.3 处理冲突的方法

为了知道冲突产生的相同散列函数地址所对应的关键字，必须选用另外的散列函数，或者对冲突结果进行处理。而不发生冲突的可能性非常小，所以通常对冲突进行处理。常用方法有以下几种。

1. 开放定址法（open addressing）

开放定址法是指可存放新表项的空闲地址既向它的同义词表项开放，又向它的非同义词表项开放。其数学递推公式为

$$H_i = (H(\text{key}) + d_i) \% m$$

式中，$i = 1, 2, \cdots, k \ (k \leqslant m-1)$；$H(\text{key})$ 为散列函数；m 为散列表长；d_i 为增量序列。对于增量序列，通常有下列三种取法：

（1）线性探测法。当 $d_i = 1, 2, 3, \cdots, m-1$ 时，称为线性探测法。相当于逐个探测存放地址的表，直到查找到一个空单元，把散列地址存放在该空单元。但是这种方法可能使第 i 个散列地址的同义词存入第 $i+1$ 个散列地址，这样本应存入第 $i+1$ 个散列地址的元素就会抢夺第 $i+2$ 个散列地址，……从而会使大量元素在相邻的散列地址上"堆积"起来，大大降低了查找效率。

（2）平方探测法。当 $d_i = \pm 1^2, \pm 2^2, \pm 3^2 \pm \cdots \pm k^2 (k \leqslant m/2)$ 时，称为平方探测法，又称二次探测法。散列表长度 m 必须是一个可以表示成 $4k+3$（如 11）的素数。相对线性探测，相当于发生冲突时探测间隔 $d_i = i^2$ 个单元的位置是否为空，如果为空，将地址存放进去。平方探测法可以避免出现"堆积"问题，它的缺点是不能探测到散列表上的所有单元，但至少能探测到一半单元。

（3）再散列法。当 $d_i = \text{Hash}_2(\text{key})$ 时，称为再散列法。即在上次散列计算发生冲突时，利用该次冲突的散列函数地址产生新的散列函数地址，直到冲突不再发生。这种方法不易产生"堆积"，但增加了计算时间。它的具体散列函数形式如下：

$$H_i = (H(\text{key}) + i \times \text{Hash}_2(\text{key})) \% m$$

（4）伪随机序列法。当 $d_i = $ 伪随机数序列时，称为伪随机序列法。

需要注意的是，在开放定址的情形下，不能随便物理删除表中的已有元素。如若删除表中元素，则会截断其他具有相同散列地址的元素的查找地址。因此，要删除一个元素时，可给它做一个删除标记，进行逻辑删除。但这样的操作也会带来一些问题：执行多次删除后，表面上看起来散列表很满，但实际上有许多位置未利用，因此需要定期维护散列表，要把标为删除标记的元素进行物理删除。

2. 拉链法（Chaining）

为了避免非同义词产生冲突，可以把所有的同义词存储在一个线性链表中，这个线性链表由其散列地址唯一表示，结构上类似于邻接表。拉链法适用于经常进行插入和删除的情况。

例如，有一关键字序列为 $\{43, 63, 75, 23, 39, 24, 12, 78, 62, 84, 93, 3\}$，散列函数为 $H(\text{key}) = \text{key} \% 13$，使用拉链法来处理冲突，建立的表如图 7.2 所示。

7.3.4 散列表的查找效率

散列表的查找过程基本上和造表过程相同。一些关键码可通过散列函数转换的地址直接找到，另一些关键码在散列函数得到的地址上产生了冲突，需要按处理冲突的方法进行查找。在介绍的三种处理冲突的方法中，产生冲突后的查找仍然是给定值与关键码进行比较的过程。所以，对散列表查找效率的量度，依然用平均查找长度来衡量。

散列表的查找效率取决于三个因素：散列函数、处理冲突的方法和填装因子。

散列表的填装因子定义为

$$\alpha = \text{填入表中的元素个数} / \text{散列表的长度}$$

α 是散列表装满程度的标志因子。由于表长是定值，α 与"填入表中的元素个数"成正比，所以，α 越大，填入表中的元素较多，产生冲突的可能性就越大；α 越小，填入表中的元素较少，产生冲突的可能性就越小。

对于开放定址法，填装因子是特别重要的因素，应严格限制在 $0.7 \sim 0.8$ 以下。超过 0.8，查表时的 CPU 缓存不命中（cache missing）按照指数曲线上升。因此，一些采用开放定址法的

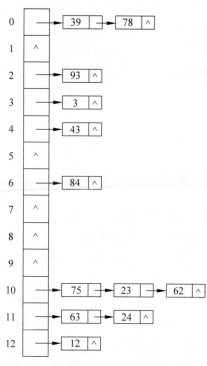

图 7.2　拉链法处理冲突的散列表

Hash 库，如 Java 的系统库限制了填装因子为 0.75，超过此值将 resize 散列表。

在 Python 语言中，字典（dictionary）就是利用散列表来实现的。故在 Python 语言中，可以轻松实现散列表的功能。

7.4　查找相关算法设计与分析

【例 7.1】　搜索插入位置

给定一个排序数组和一个目标值，如果能在数组中找到目标值，则返回其索引；如果目标值不存在于数组中，则返回它将会被按顺序插入的位置。比如有一数组[1，3，5，6]，目标值为 5，则返回其在数组中的索引值 2。

【分析】

本题可以用顺序查找的方式从头至尾在数组中查找目标值位置或比目标值大的数的位置。但由于题目已经说明给定一个排序数组，根据数组有序的条件，该题可以使用二分查找来解决，比起顺序查找的解法更优。如果目标值不存在于数组中，则返回它将会被按顺序插入的位置，要实现这个需求仅在二分查找中只需稍稍修改即可。

【代码】

```python
class Solution(object):
    def searchInsert(self, nums, target):
        left, right = 0, len(nums) - 1
        while left <= right:
```

```
        mid = (left + right) // 2          # 取中间位置
        if nums[mid] == target:            # 如果查找到则返回索引
            return mid
        elif nums[mid] > target:           # 从前半部分继续查找
            right = mid - 1
        else:                              # 从后半部分继续查找
            left = mid + 1
    return left                            # 若没有在数组中查找到目标值,则跳出循环,返
                                             回其将被插入的位置
```

【复杂度分析】

时间复杂度:$O(\log n)$,其中 n 为列表的长度,二分查找所需的时间复杂度为 $O(\log n)$。

空间复杂度:$O(1)$,本解法只使用了常数个变量。

【例 7.2】 寻找数组峰值

峰值元素是指其值严格大于左右相邻值的元素。给定一个整数数组 nums,找到峰值元素并返回其索引。数组可能包含多个峰值,在这种情况下,返回任何一个峰值所在位置即可。可以假设 $nums[-1]=nums[n]=-\infty$,对于所有有效的 i 都有 $nums[i]!=nums[i+1]$。比如有一数组$[1,3,5,8,4,2,1]$,其峰值元素即是 8。

【分析】

由于峰值元素是指其值严格大于左右相邻值的元素,故可以直接遍历整个数组,取得最大值即是峰值,这样的解法时间复杂度为 $O(n)$。但该题也可以使用二分查找的方法。题目中提到 $nums[-1]=nums[n]=-\infty$,这就意味着只要数组中存在一个元素比相邻元素大,那么沿着它一定可以找到一个峰值。根据这个结论,就可以使用二分查找来找到数组的峰值。

【算法】

查找时,令左指针 left=0,右指针 right=len(nums)-1。以其保持左右顺序为循环条件,根据左右指针计算中间位置 mid,并比较数组中 mid 与 mid+1 位置的值,如果 mid 较大,则在前半段存在峰值,使 right=mid;如果 mid+1 较大,则在后半段存在峰值,left=mid+1。

【代码】

```
class Solution(object):
    def findPeakElement(self, nums):
        left, right = 0, len(nums) - 1
        while left < right:
            mid = (left + right) // 2
            if nums[mid] > nums[mid + 1]:      # 如果当前值大于右相邻值
                right = mid                    # 查找前半段
            else:                              # 如果当前值小于右相邻值
                left = mid + 1
        return right                           # 返回峰值位置
```

【复杂度分析】

时间复杂度:$O(\log n)$,其中 n 为数组 nums 的长度,由于使用了二分查找算法,故所需的时间复杂度为 $O(\log n)$。

空间复杂度:$O(1)$,本解法只使用了常数个变量。

小 结

(1) 在数据集合中寻找满足某种条件的数据元素的过程称为查找。查找算法依赖于数据结构,不同的数据结构需要采用不同的查找算法。查找的结果一般分为两种:一是查找成功,即在数据集合中找到了满足条件的数据元素;二是查找失败。

(2) 用于查找的数据集合称为查找表,它由同一类型的数据元素或记录组成,可以是一个数组或者链表等数据类型。查找表可分为静态查找表和动态查找表两种。静态查找表是指对表的操作中不包括对表的修改的表;动态查找表是指对表的操作中包括对表中的记录进行插入或删除操作的表。

(3) 适合静态查找表的查找方法有顺序查找、二分查找、散列查找等。适合动态查找表的查找方法有排序二叉树的查找、散列查找等。

(4) 平均查找长度可以度量各种查找算法的性能。平均查找长度是所有查找过程中进行关键字的比较次数的平均值,其数学定义为

$$\text{ASL} = \sum_{i=1}^{n} P_i C_i$$

式中,n 是查找表的长度;P_i 是查找第 i 个数据元素的概率,一般认为每个数据元素的查找概率相等,即 $P_i = 1/n$;C_i 是查找到第 i 个数据元素所需进行的比较次数。

(5) 散列存储以关键字值为自变量,通过散列函数计算出数据元素的存储地址,并将该数据元素存入到相应地址的存储单元。在进行散列表查找时,只需要根据查找的关键字用相同的散列函数计算出存储地址即可访问到相应的存储单元取得数据元素。构造散列表时也需要制定合适的解决冲突方法。在 Python 中,字典(dictionary)所实现的功能即类似于散列表。

第8章 排　序

8.1　排序的基本概念

在计算机科学与数学中,一个排序算法(sorting algorithm)是一种能将一串资料依照特定排序方式进行排列的一种算法。最常用到的排序方式是数值顺序以及字典顺序。有效的排序算法在一些算法(例如搜索算法与合并算法)中是重要的,这样算法才能得到正确解答。排序算法也用在处理文字资料以及产生人类可读的输出结果。基本上,排序算法的输出必须遵守下列两个原则:

(1) 输出结果为递增序列(递增是针对所需的排序顺序而言);

(2) 输出结果是原输入的一种排列或是重组。

在排序过程中,根据数据元素是否完全在内存中,分为内部排序和外部排序,若整个排序过程不需要访问外存便能完成,则称此类排序问题为内部排序。反之,若参加排序的记录数量很大,整个序列的排序过程不可能在内存中完成,则称此类排序问题为外部排序。内部排序的过程是一个逐步扩大记录的有序序列长度的过程。

稳定性是排序算法的一个分类依据。一个稳定的排序算法会让原本有相等键值的记录维持相对次序。也就是如果一个排序算法是稳定的,当有两个相等键值的记录 R 和 S,且在原本的列表中 R 出现在 S 之前,在排序过的列表中 R 也将会在 S 之前。

最早拥有排序概念的机器出现在 1901—1904 年由赫尔曼·何乐礼发明的使用基数排序法的分类机,此机器系统包括打孔、制表等功能,1908 年分类机第一次应用于人口普查,并且在两年内完成了所有的普查数据和归档。赫尔曼·何乐礼在 1896 年创立的分类机公司的前身,为计算机制表记录公司(CTR)。他在计算机制表记录公司曾担任顾问工程师,直到 1921 年退休,而计算机制表记录公司在 1924 年正式改名为 IBM。

8.2　插　入　排　序

8.2.1　直接插入排序

直接插入排序算法的描述如下:

(1) 从第一个元素开始,该元素可以认为已经被排序;

(2) 取出下一个元素,在已经排序的元素序列中从后向前扫描;

(3) 如果该元素(已排序)大于新元素,将该元素移到下一位置;

(4) 重复步骤(3),直到找到已排序的元素小于或者等于新元素的位置;

(5) 将新元素插入到该位置后;

(6) 重复步骤(2)~步骤(5)。

例如,有初始序列为 34,24,42,15,63,95,67,15*,直接插入排序的过程如图 8.1 所示。

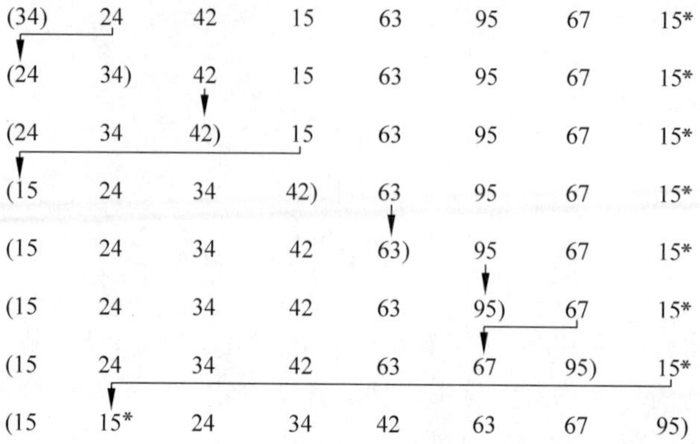

图 8.1　直接插入排序过程

直接插入排序的算法如下:

```python
def insert_sort(nums):
    for i in range(1, len(nums)):          # 依次将元素插入到前面已排序序列
        t = nums[i]                        # 临时变量
        j = i - 1                          # 已排好序的截止位置
        while j >= 0:
            if nums[j] > t:
                nums[j + 1] = nums[j]      # 元素后移一位
                j -= 1
            else:
                break
        nums[j + 1] == t                   # 复制到插入位置
```

直接插入排序算法的性能分析如下:

空间效率:只使用了常数个辅助单元,故直接插入排序的空间复杂度为常数阶 $O(1)$。

时间效率:在直接插入排序中,当待排序数组有序时,是最优的情况,只需当前数跟前一个数比较一下就可以了,这时一共需要比较 $n-1$ 次,时间复杂度为 $O(n)$。

最坏的情况是待排序数组是逆序的,此时需要比较次数最多,总次数记为:$1+2+3+\cdots+N-1$,所以,直接插入排序最坏情况下的时间复杂度为 $O(n^2)$。

平均来说,$A[0..j-1]$ 中的一半元素小于 $A[j]$,一半元素大于 $A[j]$。直接插入排序在平均情况运行时间与最坏情况运行时间一样,是输入规模的二次函数。故直接插入排序算法的时间复杂度为 $O(n^2)$。

稳定性:由于每次插入元素时都是从后向前先比较再移动,所以不会出现相同元素相对位置发生变化的情况,故直接插入排序算法是一个稳定的排序算法。

8.2.2 折半插入排序

折半插入排序就像是二分查找算法和直接插入排序算法的结合。在直接插入排序的查找待插入位置的阶段,使用了二分查找算法,提高了查找效率。

折半插入排序的算法如下:

```python
def binary_insert_sort(nums):
    for i in range(1, len(nums)):
        t = nums[i]
        low, high = 0, i - 1
        while low <= high:                    # 在已排序的数组中二分查找待插入位置
            mid = (low + high) // 2
            if nums[mid] > t:                 # 查找左半部分
                high = mid - 1
            else:                             # 查找右半部分
                low = mid + 1

        j = i - 1
        while j >= 0:
            if nums[j] > t:
                nums[j + 1] = nums[j]         # 元素后移一位
                j -= 1
            else:
                break
        nums[j + 1] = t                       # 复制到插入位置
```

折半插入排序减少了比较元素的次数,时间复杂度约为 $O(n\log_2^n)$,但元素移动次数并未改变,在每轮插入中,都需要移动 $O(n)$ 次。故折半插入排序的时间复杂度仍为 $O(n^2)$。折半插入排序也是一种稳定的排序算法。

8.2.3 希尔排序

希尔排序按其设计者希尔(Donald Shell)的名字命名,该算法于 1959 年公布。

希尔排序通过将比较的全部元素分为几个区域来提升插入排序的性能。这样可以让一个元素一次性地朝最终位置前进一大步。然后算法再取越来越小的步长进行排序,算法的最后一步就是普通的插入排序,但是到了这步,需排序的数据几乎是已排好的了(此时插入排序较快)。

步长的选择是希尔排序的重要部分。只要最终步长为 1,任何步长序列都可以工作。算法最开始以一定的步长进行排序。然后会继续以一定步长进行排序,最终算法以步长为 1 进行排序。当步长为 1 时,算法变为普通插入排序,这样就保证了数据一定会被排序。Donald Shell 最初建议步长选择为 $n/2$ 并且对步长取半直到步长达到 1。

例如,有初始序列为 $11,24,72,63,15,34,67,15^*$,希尔排序的过程如图 8.2 所示。

希尔排序的算法如下:

```python
def shell_sort(nums):
    k = len(nums) // 2                        # 初始步长
```

```
while k >= 1:
    j = k
    while j < len(nums):                    # 每组同步排序
        t = nums[j]
        m = j
        while m >= k:                        # 查找插入的位置
            if nums[m - k] > t:
                nums[m] = nums[m - k]        # 后移元素
                m -= k
            else:
                break
        nums[m] = t                          # 复制到插入位置
        j += 1
    k = k // 2                               # 步长变化
```

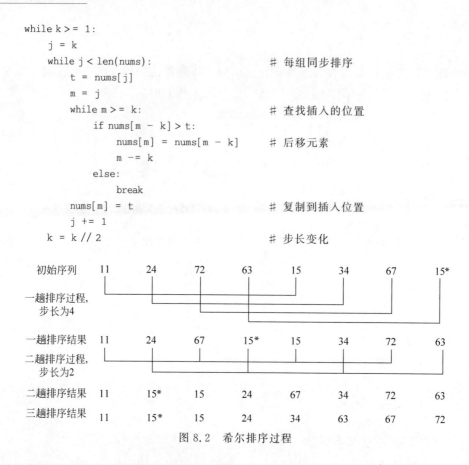

图 8.2 希尔排序过程

希尔排序算法的性能分析如下：

空间效率：只使用了常数个辅助单元，故希尔排序的空间复杂度为常数阶 $O(1)$。

时间效率：由于希尔排序的时间复杂度依赖于增量序列的函数，这涉及数学上的难题，所以其时间复杂度分析比较困难。当 n 在某个特定范围时，希尔排序的时间复杂度约为 $O(n^{1.3})$。在最坏情况下希尔排序的时间复杂度为 $O(n^2)$。

稳定性：希尔排序是一种不稳定的排序方法。如图 8.2 中 15 和 15^* 的相对次序在排序后已经发生了变化。

8.3 交 换 排 序

8.3.1 冒泡排序

冒泡排序（bubble sort）是一种简单的排序算法。它重复地走访过要排序的数列，一次比较两个元素，如果它们的顺序错误就把它们交换过来。走访数列的工作是重复地进行直到没有元素再需要交换，也就是说该数列已经排序完成。这个算法的名字由来是因为最小的元素会经由交换慢慢"浮"到数列的顶端（或关键字最大的元素如石头一般逐渐下沉至水底）。

冒泡排序算法的步骤如下：

（1）比较相邻的元素。如果第一个比第二个大，就交换它们两个。

（2）对每一对相邻元素作同样的工作，从开始第一对到结尾的最后一对。这步做完后，最后的元素会是最大的数。

（3）针对所有的元素重复以上的步骤，除了最后一个。

（4）持续对越来越少的元素重复上面的步骤，直到没有任何一对数字需要比较。

例如，有初始序列为 $11,24,72,63,15,34,67,15^*$，冒泡排序的过程如表 8.1 所示。

表 8.1 冒泡排序过程

初始序列	11	24	72	63	15	34	67	15^*
第一趟后	11	24	63	15	34	67	15^*	72
第二趟后	11	24	15	34	63	15^*	67	72
第三趟后	11	15	24	34	15^*	63	67	72
第四趟后	11	15	24	15^*	34	63	67	72
第五趟后	11	15	15^*	24	34	63	67	72

冒泡排序算法的代码如下：

```
def bubble_sort(nums):
    for i in range(1, len(nums)):
        flag = False                               # 表示本趟冒泡是否发生交换的标志
        for j in range(len(nums) - i):             # 一趟冒泡过程
            if nums[j] > nums[j + 1]:               # 如果为逆序
                nums[j + 1], nums[j] = nums[j], nums[j + 1]    # 交换
                flag = True                         # 标记本趟冒泡发生过交换
        if flag is False:                           # 如果本趟冒泡没有发生交换，则排序已经完成
            return
```

冒泡排序的性能分析如下：

空间效率：只使用了常数个辅助单元，故冒泡排序的空间复杂度为常数阶 $O(1)$。

时间效率：若文件的初始状态是正序的，一趟扫描即可完成排序。所以，冒泡排序最好的时间复杂度为 $O(n)$。若初始文件是反序的，需要进行 $n-1$ 趟排序。每趟排序要进行 $n-1$ 次关键字的比较（$1 \leqslant i \leqslant n-1$），且每次比较都必须移动记录 3 次来达到交换记录位置。在这种情况下，比较和移动次数均达到最大值。此时比较次数为 $n(n-1)/2$，移动次数为 $3n(n-1)/2$。所以冒泡排序的最坏时间复杂度为 $O(n^2)$。

综上，冒泡排序的平均时间复杂度为 $O(n^2)$。

稳定性：由于当 $i>j$ 且 $A[i]=A[j]$ 时，不会发生交换，因此冒泡排序是一种稳定的排序算法。

8.3.2 快速排序

快速排序（quick sort），又称分区交换排序（partition-exchange sort），简称快排，最早由东尼·霍尔提出。在平均状况下，排序 n 个项目要 $O(n\log n)$ 次比较。在最坏状况下则需要 $O(n^2)$ 次比较，但这种状况并不常见。事实上，快速排序通常明显比其他算法更快，因为它的内部循环（inner loop）可以在大部分的架构上很有效率地达成。

快速排序算法通过多次比较和交换来实现排序，其排序流程如下：

（1）首先设定一个分界值（pivot），通过该分界值将数组分成左右两部分。

（2）将大于或等于分界值的数据集中到数组右边，小于分界值的数据集中到数组的左边。此时，左边部分中各元素都小于或等于分界值，而右边部分中各元素都大于或等于分界值。

（3）然后，左边和右边的数据可以独立排序。对于左侧的数组数据，又可以取一个分界值，将该部分数据分成左右两部分，同样在左边放置较小值，右边放置较大值。右侧的数组数据也可以做类似处理。

（4）重复上述过程，可以看出，这是一个递归定义。通过递归将左侧部分排好序后，再递归排好右侧部分的顺序。当左、右两个部分各数据排序完成后，整个数组的排序也就完成了。

一趟快速排序的过程是一个交替搜索和交换的过程，现有序列 34,42,17,52,62,29,86,34 [*]，附设两个指针 i 和 j，初值分别为 low，high，取第一个元素 34 为枢轴赋值到变量 pivot。

指针 j 从 high 往前搜索找到第一个小于枢轴 pivot 的元素 29，将元素 29 交换到 i 所指位置。

指针 i 从 low 往后搜索找到第一个大于枢轴的元素 42，将 42 交换到 j 所指的位置。

```
29    42    17    52    62         86    34*
i     i                 j
```

指针 j 继续往前搜索找到小于枢轴的元素 17，将元素 17 交换到 i 所指的位置。

```
29          17    52    62    42    86    34*
            i  j              j
```

指针 i 继续往后搜索大于枢轴的数，直至 $i==j$。

```
29    17          52    62    42    86    34*
            i j
```

此时指针 i 之前的元素均小于 34，指针 i 之后的元素均大于等于 34，最后将 34 放在 i 所指的位置，即是整个排序完之后 34 的最终位置。经过这一趟排序，将原序列分割成了前后两个子序列。

然后按照同样的方法对各子序列进行快速排序，最终会使得整个序列有序。

快速排序的算法如下：

```
# 划分函数
def partition(nums, low, high):
    pivot = nums[low]                        # 将表第一个元素设为枢轴,进行划分
    while low < high:
        while low < high and nums[high] >= pivot:
            high -= 1
        nums[low] = nums[high]               # 将比枢轴小的元素移动到左端
```

```
        while low < high and nums[low] <= pivot:
            low += 1
        nums[high] = nums[low]              # 将比枢轴大的元素移动到右端
    nums[low] = pivot                        # 枢轴元素存放在最终位置
    return low


    # 快速排序主函数
    def quick_sort(nums, low, high):
        if low < high:                       # 跳出递归条件
            pivot_pos = partition(nums, low, high)      # 进行划分
            quick_sort(nums, low, pivot_pos - 1)         # 对左子序列递归划分
            quick_sort(nums, pivot_pos + 1, high)        # 对右子序列递归划分
```

快速排序算法的性能分析如下：

空间效率：尽管快速排序只需要一个元素的辅助空间，但需要一个栈空间来实现递归。最好的情况下，即快速排序的每一趟排序都将元素序列均匀地分割成长度相近的两个子表，所需栈的最大深度为 $\log_2(n+1)$；但最坏的情况下，栈的最大深度为 n。这样，快速排序的平均空间复杂度为 $O(\log_2^n)$。

时间效率：快速排序的一次划分算法从两头交替搜索，直到 low 和 high 重合，因此其时间复杂度是 $O(n)$；而整个快速排序算法的时间复杂度与划分的趟数有关。理想的情况是，每次划分所选择的中间数恰好将当前序列几乎等分，经过 $\log_2^n$ 趟划分，便可得到长度为 1 的子表。这样，整个算法的时间复杂度为 $O(n\log_2^n)$。最坏的情况是，每次所选的中间数是当前序列中的最大或最小元素，即初始序列基本有序或基本逆序，这使得每次划分所得的子表中一个为空表，另一子表的长度为原表的长度 -1。这样，长度为 n 的数据表的快速排序需要经过 n 趟划分，使得整个排序算法的时间复杂度为 $O(n^2)$。故快速排序算法的平均时间复杂度为 $O(n\log_2^n)$。

快速排序是所有内部排序算法中平均性能最优的排序算法。

稳定性：快速排序是一种不稳定的排序算法。

8.4 选择排序

8.4.1 简单选择排序

简单选择排序的工作原理是每一次从待排序的数据元素中选出最小(或最大)的一个元素，存放在序列的起始位置，然后，再从剩余未排序元素中继续寻找最小(大)元素，放到已排序序列的末尾。依此类推，直到全部待排序的数据元素排完。

例如，有初始序列为 $15,15^*,72,63,11,34,67,24$，简单选择排序的过程如表 8.2 所示。

表 8.2　简单选择排序过程

初始序列	15	15^*	72	63	11	34	67	24
第一趟后	[11]	15^*	72	63	15	34	67	24
第二趟后	[11	15^*]	72	63	15	34	67	24
第三趟后	[11	15^*	15]	63	72	34	67	24

第四趟后	[11	15*	15	24]	72	34	67	63
第五趟后	[11	15*	15	24	34]	72	67	63
第六趟后	[11	15*	15	24	34	63]	67	72
第七趟后	[11	15*	15	24	34	63	67	72]

简单选择排序的算法如下：

```python
def select_sort(nums):
    for i in range(len(nums) - 1):        # 一共进行 n-1 趟排序
        min_i = i                          # 记录最小元素的位置
        for j in range(i, len(nums)):      # 在 nums[i...n-1]中选择最小的元素
            if nums[j] < nums[min_i]:
                min_i = j                  # 更新最小元素位置
        if min_i != i:
            nums[i], nums[min_i] = nums[min_i], nums[i]    # 交换元素
```

简单选择排序算法的性能分析如下：

空间效率：只使用了常数个辅助单元，故简单选择排序的空间复杂度为常数阶 $O(1)$。

时间效率：选择排序的交换操作介于 $0 \sim n-1$ 次之间。选择排序的赋值操作介于 $0 \sim 3(n-1)$ 次之间。比较次数与关键字的初始状态无关，总的比较次数 $N = (n-1) + (n-2) + \cdots + 1 = n(n-1)/2$。故简单选择排序算法的平均时间复杂度为 $O(n^2)$。

稳定性：简单选择排序是一种不稳定的排序方法。

8.4.2 堆排序

堆排序（Heap sort）是指利用堆这种数据结构所设计的一种排序算法。堆是一个近似完全二叉树的结构，并同时满足堆的性质，即子结点的键值或索引总是小于（或者大于）它的父结点。

通常堆是通过一维数组来实现的。在数组起始位置为 1 的情形中：

（1）父结点 i 的左子结点在位置 $(2i)$；

（2）父结点 i 的右子结点在位置 $(2i+1)$；

（3）子结点 i 的父结点在位置 $(i/2)$。

若一个堆子结点的键值或索引总是小于它的父结点，则称为大根堆（大顶堆），如图 8.3 所示；若一个堆子结点的键值或索引总是大于它的父结点，则称为小根堆（小顶堆）。

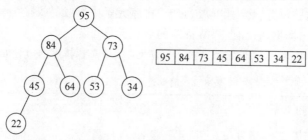

图 8.3　一个大根堆示意图

在堆的数据结构中,堆中的最大值总是位于根结点。堆中定义以下几种操作:

(1)最大堆调整(max heapify):将堆的末端子结点作调整,使得子结点永远小于父结点;

(2)创建最大堆(build max heap):将堆中的所有数据重新排序;

(3)堆排序:移除位在第一个数据的根结点,并做最大堆调整的递归运算。

堆排序的关键是构造初始堆。n 个结点的完全二叉树,最后一个结点是第$\lfloor n/2 \rfloor$个结点的孩子。对第$\lfloor n/2 \rfloor$个结点为根的子树筛选(对于大根堆,若根结点的关键词小于左右孩子结点中关键字较大者,则交换),使该子树成为堆。之后向前依次对各结点为根的子树进行筛选,看该结点值是否大于其左右子结点的值,若不大于,则将左右子结点中的较大值与之交换,交换后可能会破坏下一级的堆,于是继续采用上述方法构造下一级的堆,直到以该结点为根的子树构成堆为止。反复利用上述调整堆的方法建堆,直到根结点。过程如图 8.4 所示。

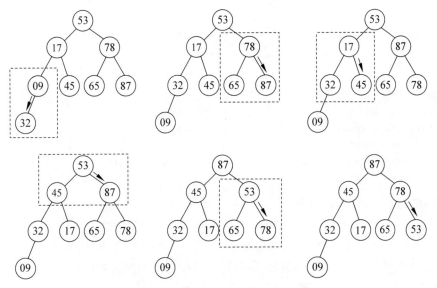

图 8.4　自下往上逐步调整为大根堆

接下来输出堆顶元素,将堆的最后一个元素与堆顶元素交换,此时堆的性质被破坏,需要重新调整成大根堆,如图 8.5 所示。

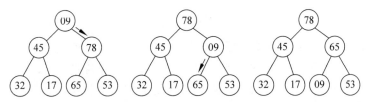

图 8.5　输出堆顶元素后将剩余元素调整成新堆过程

堆排序的算法如下:

```
# 建堆
def build_max_heap(nums, n):
```

```python
        for i in range(n // 2, -1, -1):              # 从 i = [n / 2] ~ 1,反复调整堆
            head_adjust(nums, i, n)


# 将以元素 k 为根的子树进行调整
def head_adjust(nums, k, n):
    nums[0] = nums[k]                                 # nums[0]暂存子树根结点
    i = 2 * k
    while i <= n:                                     # 沿 key 较大的子结点向下筛选
        if i < n and nums[i] < nums[i + 1]:          # 选取两个子结点中较大的一个
            i += 1
        if nums[0] >= nums[i]:                        # 筛选结束
            break
        else:
            nums[k] = nums[i]                         # 将 nums[i]调整到双亲结点上
            k = i                                     # 修改 k 值,继续向下筛选
        i *= 2
    nums[k] = nums[0]                                 # 被筛选结点的值放入最终位置


# 堆排序
def heap_sort(nums):
    n = len(nums) - 1
    build_max_heap(nums, n)                           # 初始建堆
    for i in range(n, 1, -1):                         # n-1 趟交换和建堆过程
        nums[i], nums[1] = nums[1], nums[i]           # 输出栈顶元素后与堆底元素交换
        head_adjust(nums, 1, i - 1)                   # 把剩余 i-1 个元素整理成堆
```

堆排序算法的性能分析如下：

空间效率：只使用了常数个辅助单元,故堆排序的空间复杂度为常数阶 $O(1)$。

时间效率：建堆时间为 $O(n)$,之后有 $n-1$ 次向下调整操作,每次调整的时间复杂度为 $O(\log_2^n)$。故在最好、最坏和平均情况下,堆排序的时间复杂度为 $O(n\log_2^n)$。

稳定性：堆排序算法是一种不稳定的排序算法。

8.5　归并排序和基数排序

8.5.1　归并排序

归并排序算法 1945 年由约翰·冯·诺伊曼首次提出。约翰·冯·诺伊曼（John von Neumann,1903 年 12 月 28 日—1957 年 2 月 8 日）,美籍匈牙利数学家、计算机科学家、物理学家,是 20 世纪最重要的数学家之一。冯·诺伊曼是罗兰大学数学博士,是现代计算机、博弈论、核武器和生化武器等领域内的科学全才之一,被后人称为"现代计算机之父""博弈论之父"。

冯·诺伊曼先后执教于柏林大学和汉堡大学,1930 年前往美国,后入美国国籍。历任普林斯顿大学教授、普林斯顿高等研究院教授,入选美国原子能委员会会员、美国国家科学院院士。早期以算子理论、共振论、量子理论、集合论等方面的研究闻名,开创了冯·诺伊曼代数。

冯·诺伊曼第二次世界大战期间曾参与"曼哈顿"计划,为第一颗原子弹的研制作出了贡献。

　　归并排序算法是采用分治法(divide and conquer)的一个非常典型的应用,且各层分治递归可以同时进行。归并排序将已有序的子序列合并,得到完全有序的序列,即先使每个子序列有序,再使子序列段间有序。若将两个有序表合并成一个有序表,称为二路归并。二路归并的排序过程图 8.6 所示。

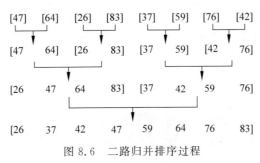

图 8.6　二路归并排序过程

归并排序的算法如下:

```
# 归并操作
# 表 A 的两段 A[low...mid]和 A[mid+1...high]各自有序,将它们合并成一个有序表
def merge(nums, low, mid, high):
    temp = [None] * len(nums)          # 辅助列表 temp
    for i in range(low, high + 1):     # 先将 nums 中所有元素复制到 temp 中
        temp[i] = nums[i]
    i = low                            # 前半段起始位置
    j = mid + 1                        # 后半段起始位置
    k = i                              # 当前更新的位置
    while i <= mid and j <= high:
        if temp[i] <= temp[j]:         # 比较 temp 左右两段中的元素,将较小值复制到 nums 中
            nums[k] = temp[i]
            i += 1
        else:
            nums[k] = temp[j]
            j += 1
        k += 1
    while i <= mid:                    # 如果前半表未检测完,剩余都复制到 nums
        nums[k] = temp[i]
        k += 1
        i += 1
    while j <= high:                   # 如果后半表未检测完,剩余都复制到 nums
        nums[k] = temp[j]
        k += 1
        j += 1


# 二路归并排序
def merge_sort(nums, low, high):
    if low < high:
        mid = (low + high) // 2        # 从中间划分两个子序列
        merge_sort(nums, low, mid)     # 对左侧子序列进行递归排序
```

```
merge_sort(nums, mid + 1, high)      # 对右侧子序列进行递归排序
merge(nums, low, mid, high)          # 归并
```

归并排序算法的性能分析如下：

空间效率：归并操作中，辅助空间刚好为 n 个单元，所以算法的空间复杂度为 $O(n)$。

时间效率：每趟归并的时间复杂度为 $O(n)$，共需进行 $\log_2^n$ 趟归并，所以算法的时间复杂度为 $O(n\log_2^n)$。

稳定性：归并操作并不会改变相同关键词记录的相对次序，故归并排序算法是一种稳定的排序算法。

8.5.2 基数排序

基数排序(radix sort)是一种非比较型整数排序算法，其原理是将整数按位数切割成不同的数字，然后按每个位数分别比较。由于整数也可以表达字符串(比如名字或日期)和特定格式的浮点数，所以基数排序也不是只能使用于整数。基数排序的发明可以追溯到 1887 年赫尔曼·何乐礼在打孔卡片制表机(tabulation machine)上的贡献。

基数排序实现步骤如下：

(1) 所有待比较数值(正整数)统一为同样的数位长度，数位较短的数前面补零。

(2) 从最低位开始，依次进行一次排序。

这样从最低位排序一直到最高位排序完成以后，数列就变成一个有序序列。

基数排序的方式可以采用最低位优先(Least Significant Digital，LSD)或最高位优先(Most Significant Digital，MSD)，LSD 的排序方式由键值的最右边开始，而 MSD 则相反，由键值的最左边开始。

基数排序通常采用链式基数排序，现有序列 123，532，634，22，77，33，774，68，246，316，基数排序的初始链表如图 8.7 所示。

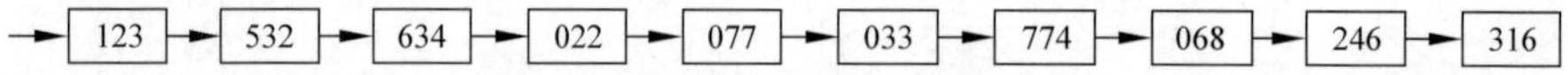

```
→ 123 → 532 → 634 → 022 → 077 → 033 → 774 → 068 → 246 → 316
```

图 8.7 初始链表

每个关键字都是 1000 以下的正整数，都是十进制数，故基数 $r = 10$，在排序过程中需要借助 10 个链表队列。由于最大位数是三位数，故需三趟分配和收集的操作。第一趟分配先从最低位的子关键字开始，即个位。第一趟的分配和收集过程如图 8.8 所示。

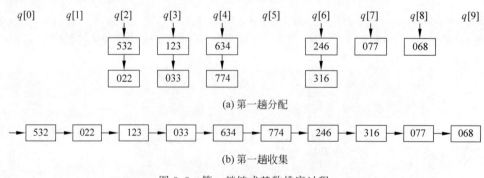

(a) 第一趟分配

```
→ 532 → 022 → 123 → 033 → 634 → 774 → 246 → 316 → 077 → 068
```

(b) 第一趟收集

图 8.8 第一趟链式基数排序过程

第二趟分配基于次低位子关键字开始,即十位。第二趟的分配和收集过程如图 8.9 所示。

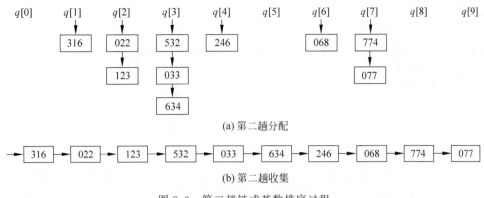

(a) 第二趟分配

(b) 第二趟收集

图 8.9　第二趟链式基数排序过程

第三趟分配基于最高位子关键字开始,即百位。第三趟的分配和收集过程如图 8.10 所示。至此排序结束。

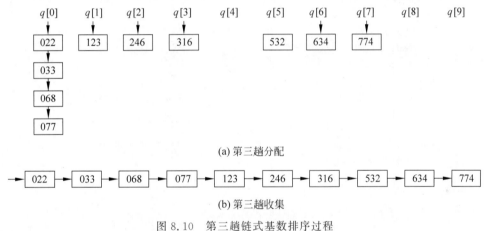

(a) 第三趟分配

(b) 第三趟收集

图 8.10　第三趟链式基数排序过程

基数排序算法的性能分析如下:

空间效率:一趟排序需要的辅助存储空间为 r(r 个队列),故基数排序算法的空间复杂度为 $O(r)$。

时间效率:基数排序需要 d(关键字位数)趟,一趟分配需要 $O(n)$,一趟收集需要 $O(r)$,所以基数排序的时间复杂度为 $O(d(n+r))$,同时它与序列的初始状态无关。

稳定性:基数排序算法是一种稳定的排序算法。

8.6　排序相关算法设计与分析

【例 8.1】　摆动排序

给定一个整数数组 nums,将它重新排列成 nums[0] < nums[1]> nums[2] < nums[3]<⋯ 的顺序。可以假设所有输入数组都可以得到满足题目要求的结果。比如输入数组[3,2,5,

1,4,6]，将该数组排列为[3,6,2,5,1,4]。

【分析】

根据题目中给定的排序规则，可以认为这种规则的排序类似于上下起伏的山峰。由于位于奇数项位置的元素比相邻的元素要大，故可以先将原数组进行排序，等分为两组，进行交错穿插。由于数列中可能存在相同的元素，故在穿插时，需要让较大的数也穿插在较大的数之间，故可以将两组进行反序穿插。例如，有一已排序的数组[1,1,2,2,2,3]，如果正序穿插的话会得到[1,2,1,2,2,3]，这与题意不符。而以反序穿插的话能够得到[2,3,1,2,1,2]，符合题意。

【算法】

由于需要先对原数组进行排序，可以尽可能效率高的排序方法，例如快速排序（在Python 中也可直接使用 sort 函数，如 nums.sort()）。再设一个辅助数组，将排序后的数组分为两组进行反序穿插，将穿插的结果序列复制到辅助数组中去，最终该辅助数组就是最终的答案。

【代码】

```python
class Solution(object):
    def wiggleSort(self, nums):
        n = len(nums)
        self.quick_sort(nums, 0, n - 1)          # 快速排序
        res = [None] * n
        k = n - 1
        for i in range(1, n, 2):                 # 逆序穿插后半段
            res[i] = nums[k]
            k -= 1
        for i in range(0, n, 2):                 # 逆序穿插前半段
            res[i] = nums[k]
            k -= 1
        for i in range(n):                       # 复制
            nums[i] = res[i]


    # 划分函数
    def partition(self, nums, low, high):
        pivot = nums[low]                        # 将表第一个元素设为枢轴,进行划分
        while low < high:
            while low < high and nums[high] >= pivot:
                high -= 1
            nums[low] = nums[high]               # 将比枢轴小的元素移动到左端
            while low < high and nums[low] <= pivot:
                low += 1
            nums[high] = nums[low]               # 将比枢轴大的元素移动到右端
        nums[low] = pivot                        # 枢轴元素存放在最终位置
        return low

    # 快速排序主函数
    def quick_sort(self, nums, low, high):
        if low < high:                           # 跳出递归条件
```

```
pivot_pos = self.partition(nums, low, high)          # 进行划分
self.quick_sort(nums, low, pivot_pos - 1)            # 对左子序列递归划分
self.quick_sort(nums, pivot_pos + 1, high)           # 对右子序列递归划分
```

【复杂度分析】

时间复杂度：$O(n\log n)$，其中 n 为列表长度，该解法使用了快速排序，进行一次遍历的复制，由于快速排序的平均时间复杂度为 $O(n\log n)$，遍历复制的时间复杂度为 $O(n)$，故总的时间复杂度为 $O(n\log n)$。

空间复杂度：$O(n)$，其中 n 为列表长度，由于该解法使用了辅助数组用于逆序穿插，故空间复杂度为 $O(n)$。

【例 8.2】 数组中的第 n 个最大元素

给定整数数组 nums 和整数 k，请返回数组中第 n 个最大的元素，即在已排好序的序列中找到倒数第 n 个位置的元素。

【分析】

不难想到该题可以用排序完成，首先将整个数组排序，然后返回该数组的倒数第 n 个位置的元素即可。这里介绍另外一种解法——基于快速排序的选择方法。从本书上述对快速排序的介绍中，提到了快速排序有一个特点，即快速排序的每趟排序处理都能确定一个元素的最终位置。根据快速排序的这个特性，只要让其在某次划分过程中确定的位置为倒数第 n 个下标位置时，就已经找到了答案。至于划分的两段数组是否有序，是不需要关心的。

基于快速排序的选择方法就是在分治的过程中，会对子数组进行划分，如果划分得到的位置正好是需要的下标，就可以直接返回该位置的元素；如果该位置比目标下标小，就递归右子区间，否则就递归左子区间。该方法和快速排序相比从原来递归两个区间变为了只递归一个区间，提高了时间效率。通过引入随机化选择枢轴，也能加速这个过程。该方法的时间代价期望是 $O(n)$，读者有兴趣的话可以查阅相关资料了解证明过程。

【代码】

```
class Solution(object):
    def findKthLargest(self, nums, k):
        # 划分
        def partition(nums, low, high):
            pivot = nums[random.randint(low, high)]      # 随机选取枢轴
            nums[low], pivot = pivot, nums[low]          # 将枢轴交换到第一个位置
            while low < high:
                while low < high and nums[high] >= pivot:
                    high -= 1
                nums[low] = nums[high]                   # 将比枢轴小的元素移动到左端
                while low < high and nums[low] <= pivot:
                    low += 1
                nums[high] = nums[low]                   # 将比枢轴大的元素移动到右端
            nums[low] = pivot                            # 枢轴元素存放在最终位置
            return low


        # 快速选择
        def quick_select(nums, low, high, target):
```

```
        pivot_pos = partition(nums, low, high)        # 进行划分
        if pivot_pos == target:
            return nums[target]                       # 若定位到目标位置,返回答案
        elif pivot_pos < target:
            return quick_select(nums, pivot_pos + 1, high, target)  # 对右子序列递归划分
        else:
            return quick_select(nums, low, pivot_pos - 1, target)   # 对左子序列递归划分

    return quick_select(nums, 0, len(nums) - 1, len(nums) - k)
```

【复杂度分析】

时间复杂度：$O(n)$，其中 n 为 nums 数组的长度，该方法的时间代价期望为 $O(n)$，有兴趣的读者可以查阅相关资料了解证明过程。

空间复杂度：$O(\log n)$，递归使用栈空间的空间代价期望为 $O(\log n)$。

小　　结

(1) 在计算机科学与数学中，一个排序算法(sorting algorithm)是一种能将一串资料依照特定排序方式进行排列的一种算法。在排序过程中，根据数据元素是否完全在内存中，分为内部排序和外部排序。排序又分为稳定排序和不稳定排序，一个稳定的排序算法会让原本有相等键值的记录维持相对次序。

(2) 不同的排序算法一般基于三个因素进行比较：时空复杂度、算法的稳定性、算法的过程特征。

从时间复杂度来看，直接插入排序、冒泡排序和简单选择排序在平均情况下的时间复杂度都为 $O(n^2)$，而且实现的过程也较为简单，但其中直接插入排序和冒泡排序在最好情况下的时间复杂度可以达到 $O(n)$，而简单选择排序和序列的初始状态无关。希尔排序作为插入排序的拓展，对较大规模的排序可以达到很高的效率，但目前无法得出确切的时间复杂度。堆排序利用了一种称为堆的数据结构，可以在线性时间内完成建堆，且能在 $O(n\log_2^n)$ 内完成排序过程。快速排序基于分治的思想，虽然最坏情况下的时间复杂度为 $O(n^2)$，但快速排序的平均时间复杂度可以达到 $O(n\log_2^n)$，其在实际应用中普遍优于其他排序算法。归并排序同样基于分治的思想，但由于其分割子序列与初始序列的排列无关，故它的最好、最坏、平均时间复杂度均为 $O(n\log_2^n)$。

从空间复杂度来看，直接插入排序、冒泡排序、简单选择排序、希尔排序和堆排序都仅需要常数个辅助空间。快速排序在空间上使用了辅助栈，用于实现递归，平均空间复杂度为 $O(\log_2^n)$，在最坏情况下为 $O(n)$。二路归并排序在合并操作中需要辅助空间用于元素复制，空间复杂度为 $O(n)$。

从算法的过程特征来看，采用不同的排序算法，在一次排序循环或几次排序循环后的排序结果可能是不同的。比如冒泡排序和堆排序在每趟排序处理完后都能产生整个序列的最大值或最小值，而快速排序每趟的排序处理都能确定一个元素的最终位置。

表 8.3 列出了各种排序算法的时空复杂度和稳定性情况。

表 8.3 各种排序算法的性质

算 法 种 类	时间复杂度			空间复杂度	是否稳定
	最好情况	平均情况	最坏情况		
直接插入排序	$O(n)$	$O(n^2)$	$O(n^2)$	$O(1)$	是
冒泡排序	$O(n)$	$O(n^2)$	$O(n^2)$	$O(1)$	是
简单选择排序	$O(n^2)$	$O(n^2)$	$O(n^2)$	$O(1)$	否
希尔排序				$O(1)$	否
快速排序	$O(n\log_2^n)$	$O(n\log_2^n)$	$O(n^2)$	$O(\log_2^n)$	否
堆排序	$O(n\log_2^n)$	$O(n\log_2^n)$	$O(n\log_2^n)$	$O(1)$	否
二路归并排序	$O(n\log_2^n)$	$O(n\log_2^n)$	$O(n\log_2^n)$	$O(n)$	是
基数排序	$O(d(n+r))$	$O(d(n+r))$	$O(d(n+r))$	$O(r)$	是

第 9 章　Python 数据结构

Python 语言中有四种内置的数据结构,分别为列表(list)、元组(tuple)、字典(dict)和集合(set)。同时,Python 中还有标准库和内置函数来实现一些复杂的数据结构。

9.1　列　　表

列表是最常用的 Python 数据类型,它可以作为一个方括号内的逗号分隔值出现。列表的数据项不需要具有相同的类型。

创建一个列表,只要把逗号分隔的不同的数据项使用方括号括起来即可。如下所示:

```
list1 = ['dog', 'cat', 2020, 2021]
list2 = [1, 2, 3, 4, 5]
list3 = ["a", "b", "c", "d"]
```

1. 访问列表中的值

列表索引从 0 开始,第二个索引是 1,依此类推;索引也可以从尾部开始,最后一个元素的索引为 -1,往前一位为 -2,依此类推。

例如:

【代码】

```
list = [1, 2, 3, 4, 5]
print(list[0])
print(list[1])
print(list[2])
print(list[-2])
print(list[-1])
```

【输出】

```
1
2
3
4
5
```

2. 更新和删除列表元素

在列表中,可以使用 append()方法添加列表项;可以使用 del 语句从一个列表中依索引而不是值来删除一个元素;可以使用 remove()移除列表中某个值的第一个匹配项。

例如：

【代码】

```
list = [1, 2, 3, 4, 5]
list.append(6)              # 在列表尾部添加元素 6
print(list)
del list[2]                 # 删除列表中索引为 2 的元素
print(list)
list.remove(1)              # 移除列表中元素值为 1 的第一个匹配项
print(list)
```

【输出】

```
[1, 2, 3, 4, 5, 6]
[1, 2, 4, 5, 6]
[2, 4, 5, 6]
```

3. 将列表当作堆栈使用

列表方法使得列表可以很方便地作为一个堆栈来使用，堆栈作为特定的数据结构，最先进入的元素最后一个被释放（后进先出）。用 append() 方法可以把一个元素添加到堆栈顶，用 pop() 方法可以把一个元素从堆栈顶释放出来。

例如：

【代码】

```
stack = [1, 2, 3]
stack.append(4)
stack.append(5)
print(stack)
stack.pop()
print(stack)
```

【输出】

```
[1, 2, 3, 4, 5]
[1, 2, 3, 4]
```

4. 列表推导式

列表推导式提供了从序列创建列表的简单途径。通常应用程序将一些操作应用于某个序列的每个元素，用其获得的结果作为生成新列表的元素，或者根据确定的判定条件创建子序列。每个列表推导式都在 for 之后跟一个表达式，然后有零到多个 for 或 if 子句。返回结果是一个根据表达式从其后的 for 和 if 上下文环境中生成的列表。

例如：

【代码】

```
list = [1, 2, 3]
print([2 * x for x in list])
print([[x, x ** 2] for x in list])
```

【输出】

```
[2, 4, 6]
[[1, 1], [2, 4], [3, 9]]
```

5. 利用列表来排序

使用列表的内置函数 sort() 可轻松地对列表进行排序。

sort() 函数用于对原列表进行排序，如果指定参数，则使用比较函数排序。sort() 函数一共有三个参数：

$$list.sort(cmp=None, key=None, reverse=False)$$

其中，cmp 为叮选参数，如果指定了该参数会使用该参数的方法进行排序；key 是用米进行比较的元素，只有一个参数，具体的函数的参数就是取自于可迭代对象中，指定可迭代对象中的一个元素来进行排序；reverse 是排序规则，reverse＝True 降序，reverse＝False 升序（默认）。需要注意的是，该方法没有返回值。

例如：

【代码】

```
list = [4, 6, 2, 7, 3, 8]
list.sort()                          # 按升序排序
print(list)

list = [4, 6, 2, 7, 3, 8]
list.sort(reverse = True)            # 按降序排序
print(list)


def take_second(e):                  # 获取列表第二个元素
    return e[1]
list = [[1, 2], [3, 1], [5,4], [8,3]]
list.sort(key = take_second)         # 依据列表第二个元素来排序
print(list)
```

【输出】

```
[2, 3, 4, 6, 7, 8]
[8, 7, 6, 4, 3, 2]
[[3, 1], [1, 2], [8, 3], [5, 4]]
```

列表包含的函数与方法如表 9.1 和表 9.2 所示。

表 9.1　Python 列表函数介绍

函　数　名	简　　　介
cmp(list1, list2)	比较两个列表的元素
len(list)	列表元素个数
max(list)	返回列表元素最大值
min(list)	返回列表元素最小值

表 9.2 **Python 列表方法介绍**

方　法　名	简　　　介
list. append(obj)	在列表末尾添加新的对象
list. count(obj)	统计某个元素在列表中出现的次数
list. extend(seq)	在列表末尾一次性追加另一个序列中的多个值(用新列表扩展原来的列表)
list. index(obj)	从列表中找出某个值第一个匹配项的索引位置
list. insert(index, obj)	将对象插入列表
list. pop([index=−1])	移除列表中的一个元素(默认最后一个元素),并且返回该元素的值
list. remove(obj)	移除列表中某个值的第一个匹配项
list. reverse()	反向列表中元素
list. sort(cmp = None, key = None, reverse=False)	对原列表进行排序

9.2　元　　组

Python 的元组与列表类似,不同之处在于元组的元素不能修改。元组使用小括号(),列表使用方括号[]。元组创建很简单,只需要在括号中添加元素,并使用逗号隔开即可。

由于元组的元素不能修改,所以不能删除元组中的元素,只能删除整个元组。在元组中访问元素的操作与列表的类似。

Python 元组包含的函数如表 9.3 所示。

表 9.3 **Python 元组函数介绍**

函　数　名	简　　　介
cmp(tuple1, tuple2)	比较两个元组元素
len(tuple)	计算元组元素个数
max(tuple)	返回元组元素最大值
min(tuple)	返回元组元素最小值
tuple(iterable)	将可迭代系列转换为元组

9.3　字　　典

字典(dict)的每个键值对 key=>value 用冒号分隔,键值对之间用逗号分隔,整个字典包括在花括号{}中,格式如下所示:

$$dic = \{key1 : value1, key2 : value2\}$$

在字典中,键一般是唯一的,如果重复,最后的一个键值对会替换前面的,值不需要唯一。值可以取任何数据类型,但键必须是不可变的,如字符串、数字或元组,如果是列表,则不能作为键。在 Python 中,字典与散列表类似。

在字典里访问值、修改字典、删除字典元素的操作与列表类似。字典包含的函数和方法分别如表 9.4 和表 9.5 所示。

表 9.4　字典函数介绍

函　数　名	简　介
cmp(dict1，dict2)	比较两个字典元素
len(dict)	计算字典元素个数，即键的总数
str(dict)	输出字典可打印的字符串表示
type(variable)	返回输入的变量类型，如果变量是字典就返回字典类型

表 9.5　字典方法介绍

方　法　名	简　介
dict. clear()	删除字典内所有元素
dict. copy()	返回一个字典的浅复制
dict. fromkeys(seq[，val])	创建一个新字典，以序列 seq 中元素作字典的键，val 为字典所有键对应的初始值
dict. get(key，default=None)	返回指定键的值，如果值不在字典中返回 default 值
dict. has_key(key)	如果键在字典 dict 里返回 True，否则返回 False
dict. items()	以列表返回可遍历的(键，值) 元组数组
dict. keys()	以列表返回一个字典所有的键
dict. setdefault(key，default=None)	和 get() 类似，但如果键不存在于字典中，将会添加键并将值设为 default
dict. update(dict2)	把字典 dict2 的键和值对更新到 dict 中
dict. values()	以列表返回字典中的所有值
pop(key[，default])	删除字典给定键 key 所对应的值，返回值为被删除的值。key 值必须给出；否则，返回 default 值
popitem()	返回并删除字典中的最后一对键和值

9.4　集　　合

集合(set)是一个无序的不重复元素序列，可以使用大括号{ }或者 set()函数创建集合。值得注意的是，创建一个空集合必须用 set()而不是{ }，因为{ }是用来创建一个空字典。集合的创建格式如下：

$$parame = \{value01，value02，\cdots\}或 set(value)$$

1. 添加元素

s. add(x)将元素 x 添加到集合 s 中，如果元素已存在，则不进行任何操作。s. update(x)也可以添加元素，而且参数可以是列表、元组、字典等。

2. 移除元素

s. remove(x)将元素 x 从集合 s 中移除，如果元素不存在，则会发生错误。s. discard(x)也能移除集合中的元素，且如果元素不存在，不会发生错误。s. pop()会随机删除集合中的一个元素。

3. 判断元素是否在集合中存在

x in s 是判断元素 x 是否在集合 s 中，存在返回 True，不存在返回 False。

集合包含的方法如表 9.6 所示。

表 9.6 集合方法介绍

方 法 名	简 介
add(elem)	为集合添加元素
clear()	移除集合中的所有元素
copy()	复制一个集合
difference(set)	返回多个集合的差集
difference_update(set)	移除集合中的元素,该元素在指定的集合也存在
discard(value)	删除集合中指定的元素
intersection(set1, set2, …)	返回集合的交集
isdisjoint(set)	判断两个集合是否包含相同的元素,如果没有返回 True,否则返回 False
issubset(set)	判断指定集合是否为该方法参数集合的子集
issuperset(set)	判断该方法的参数集合是否为指定集合的子集
pop()	随机移除元素
remove(item)	移除指定元素
symmetric_difference(set)	返回两个集合中不重复的元素集合
symmetric_difference_update(set)	移除当前集合中在另外一个指定集合相同的元素,并将另外一个指定集合中不同的元素插入到当前集合中
union(set1, set2, …)	返回两个集合的并集
update(set)	给集合添加元素

9.5 collection. deque

在 Python 中通常用 collection 库中的 deque 对象来实现队列。该类声明为

classcollections. deque([iterable[, maxlen]])

该对象返回一个新的双向队列对象,从左到右初始化(用 append()方法),从 iterable (迭代对象)数据创建。如果 iterable 没有指定,新队列为空。

deque 队列是由栈或者 queue 队列生成的。deque 支持线程安全,内存高效添加和弹出,从两端都可以,两个方向的操作的时间复杂度都是 $O(1)$。

虽然 list 对象也支持类似操作,不过这里优化了定长操作以及 pop(0)和 insert(0,v)的开销。它们引起 $O(n)$内存移动的操作,改变底层数据表达的大小和位置。

如果 maxlen 没有指定或者是 None,deque 可以增长到任意长度。否则,deque 就限定到指定最大长度。一旦限定长度的 deque 满了,当新项加入时,同样数量的项就从另一端弹出。

deque 类型包含的方法如表 9.7 所示。

表 9.7 deque 方法介绍

方 法 名	简 介
append(x)	添加 x 到右端
appendleft(x)	添加 x 到左端
clear()	移除所有元素,使其长度为 0

续表

128

方　法　名	简　　介
copy()	创建一份浅复制
count(x)	计算 deque 中元素等于 x 的个数
extend(iterable)	扩展 deque 的右侧,通过添加 iterable 参数中的元素
extendleft(iterable)	扩展 deque 的左侧,通过添加 iterable 参数中的元素。注意,左添加时,在结果中 iterable 参数中的顺序将被反过来添加
index(x[, start[, stop]])	返回 x 在 deque 中的位置(在索引 start 之后,索引 stop 之前)。返回第一个匹配项,如果未找到则引发 ValueError
insert(i, x)	在位置 i 插入 x。如果插入会导致一个限长 deque 超出长度 maxlen,就引发一个 IndexError
pop()	移去并且返回一个元素,deque 最右侧的那一个。如果没有元素,就引发一个 IndexError
popleft()	移去并且返回一个元素,deque 最左侧的那一个。如果没有元素,就引发 IndexError
remove(value)	移除找到的第一个 value。如果没有就引发 ValueError
reverse()	将 deque 逆序排列。返回 None
rotate(n=1)	向右循环移动 n 步。如果 n 是负数,就向左循环。如果 deque 不是空的,向右循环移动一步就等价于 d. appendleft(d. pop()),向左循环一步就等价于 d. append(d. popleft())

数据结构实验

实验 1　猴子选大王

【任务】

一群猴子都有编号,编号是 $1,2,3,\cdots,m$,这群猴子(m 个)按照 $1-m$ 的顺序围坐一圈,从第 1 开始数,每数到第 n 个,该猴子就要离开此圈,这样依次下来,直到圈中只剩下最后一只猴子,则该猴子为大王。

【输入数据】

输入 m,n(m,n 为整数,$n<m$)

【输出形式】

按照 m 个猴子,数 n 个数的方法,输出为大王的猴子是几号,写一段程序来实现此功能。

【示例】

输入:

```
猴子的总数 N:
5
报到要被淘汰数字 M:
2
```

输出:

```
被淘汰的猴子:
2  4  1  5
猴大王的编号:
3
```

解析:

从第 1 开始数,数到 2 时,此时 2 号猴离开;从第 3 开始数,此时 4 号猴离开;从第 5 开始数,此时 1 号猴离开;由于 2 号已离开,故从 3 号开始数,此时 4 号也已离开,所以这次 5 号离开。最终只剩 3 号为大王。

【代码】

```python
# 链表结点类
class Node:
```

```python
    def __init__(self, data = None, next = None):
        self.data = data                          # 数据域
        self.next = next                          # 指针域
```

```python
# 单循环链表类
class CircleLinkList:
    def __init__(self, n):
        self.head = Node()                        # 头结点
        self.init_ring(n)                         # 初始化单循环链表

    # 初始化单循环链表
    def init_ring(self, n):
        q = self.head
        for i in range(1, n):                     # 按顺序建立结点
            p = Node()
            q.data = i
            q.next = p
            q = p
        p.data = n
        p.next = self.head                        # 头结点与尾结点相接形成循环链表
        self.head = p                             # 为方便后续操作,将头结点指向队尾结点

    # 选择函数
    def delete(self, n, m):
        p = self.head
        for i in range(1, n):                     # 将 n-1 个猴子选择出去
            for j in range(1, m):                 # 计 m-1 次数
                p = p.next
            q = p.next
            p.next = q.next                       # 删除被选中的结点
            print("% - 4d" % q.data, end = '')    # 输出被删除的猴子编号
            if i % 10 == 0:
                print()
        self.head = p                             # 更新头结点

    # 输出猴大王编号
    def print_out(self):
        print()
        print("猴大王的编号:")
        print("% d" % self.head.next.data)


print("猴子的总数 N:")
n = int(input())
print("报到要被淘汰数字 M:")
m = int(input())
print("被淘汰的猴子:")
R = CircleLinkList(n)                             # 初始化单循环链表
R.delete(n, m)                                    # 选择函数
R.print_out()                                     # 输出猴大王编号
```

猴子的总数 *N*：
30
报到要被淘汰数字 *M*：
9

【输出】

被淘汰的猴子：

9	18	27	6	16	26	7	19	30	12
24	8	22	5	23	11	29	17	10	2
28	25	1	4	15	13	14	3	20	

猴大王的编号：
21

实验 2　订 票 系 统

【任务】

通过此系统可以实现如下功能：

（1）录入：可以录入航班情况（数据可以存储在一个数据文件中，数据结构、具体数据自定）。

（2）查询：可以查询某个航线的情况（如：输入航班号，查询起降时间，起飞抵达城市，航班票价，票价折扣，确定航班是否满舱）；可以输入起飞抵达城市，查询飞机航班情况。

（3）订票：可以订票（订票情况可以存储于一个数据文件中，结构自己设定），如果该航班已经无票，可以提供相关可选择航班信息。

（4）修改航班信息：当航班信息改变可以修改航班数据文件。

要求：根据以上功能说明，设计航班信息、订票信息的存储结构，设计程序完成功能。

【代码】

```python
import os


# 日期
class Date:
    def __init__(self, m_year = None, m_month = None, m_day = None):
        self.m_year = m_year
        self.m_month = m_month
        self.m_day = m_day


# 时间
class Time:
    def __init__(self, m_hour = None, m_min = None):
        self.m_hour = m_hour
        self.m_min = m_min
```

```python
# 航班数据
class Flight:
    def __init__(self):
        self.m_fltno = -1
        self.m_szFrom = ""
        self.m_szPass = ""
        self.m_szTo = ""
        self.m_start = Date()
        self.m_arrive = Date()
        self.m_fly = Date()
        self.m_people = -1


# 乘客数据
class PassengerNode:
    def __init__(self):
        self.m_szName = ""
        self.m_szCorp = ""
        self.m_szNumber = ""
        self.m_Date = Date()
        self.m_fltno = -1
        self.m_seatno = -1


# 乘客结点
class PsgNode:
    def __init__(self):
        self.m_psg = PassengerNode()
        self.next = None


# 日期对比函数
def date_cmp(date1, date2):
    return date1.m_year == date2.m_year and date1.m_month == date2.m_month and date1.m_day
== date2.m_day


# 添加航班
def add_flight(fltlist, fltdata):
    bResult = False
    # 查找第一个未使用的航班,将 fltdata 复制给该航班对应的数组元素
    for i in range(40):
        if fltlist[i].m_fltno == -1:
            fltlist[i] = fltdata
            bResult = True
            break
    return bResult


# 删除航班
def del_flight(fltlist, index):
```

```
        fltlist[index].m_fltno = -1

# 添加乘客
def add_passenger(psglist, psgdata):
    p = psglist
    while p.next is not None:              # 获取乘客链表队尾结点
        p = p.next
    q = PsgNode()
    q.m_psg = psgdata                      # 复制乘客数据到 q 结点的 m_psg 成员
    q.next = None
    p.next = q


# 删除乘客
def del_passenger(psglist, index):
    i = 0
    p = psglist.next
    while p.next is not None:
        i += 1
        p = p.next
    # 若能查找到该结点则删除,否则返回 False,表示删除失败
    if p is not None and i == index - 1:
        q = p.next
        p.next = q.next
        return True
    return False


# 取得乘客总数
def get_psg_count(psglist):
    s = 0
    p = psglist.next
    while p is not None:
        p = p.next
        s += 1
    return s


# 订票函数
def book(fltlist, psglist):
    c = 'y'
    while c == 'y' or c == 'Y':
        psg = PassengerNode()
        print("请输入航班号:")
        psg.m_fltno = int(input())
        while psg.m_fltno >= 10000 or psg.m_fltno < 0:
            print("请重新输入:")
            psg.m_fltno = int(input())
        for i in range(40):                       # 查询对应航班
            if fltlist[i].m_fltno == psg.m_fltno:  # 如果找到对应航班
                print("请输入订票日期:(yyyy,mm,dd)")
```

```python
            psg.m_Date.m_year = int(input())
            psg.m_Date.m_month = int(input())
            psg.m_Date.m_day = int(input())
            q = [None] * fltlist[i].m_people        # 座位状态数组
            for j in range(fltlist[i].m_people):
                q[j] = 0
            p = psglist.next
            while p is not None:                    # 遍历乘客链表,查询该航班已订票
                                                    #   人并将其座位标记为已预订
                if date_cmp(p.m_psg.m_Date, psg.m_Date) and psg.m_fltno == p.m_psg.m_fltno:
                    q[p.m_psg.m_seatno - 1] = 1
                p = p.next
            print("以下座位尚未有人订:")
            for j in range(fltlist[i].m_people):
                if not q[j]:
                    print(j + 1, end = ' ')
            print("\n 请输入订票座位号:")
            psg.m_seatno = int(input())
            b = 0                                   # 用 b 来标记是否已选中有效座位
            # 选择一个有效的座位
            while True:
                if psg.m_seatno > 0 and psg.m_seatno <= fltlist[i].m_people + 1:
                    if not q[psg.m_seatno - 1]:
                        b = 1
                        break
                    else:
                        print("这个座位有人了!")
                else:
                    print("数据非法!")
                psg.m_seatno = int(input())

            print("请输入乘客姓名:")
            psg.m_szName = input()
            print("请输入乘客单位:")
            psg.m_szCorp = input()
            print("请输入乘客身份证号:")
            psg.m_szNumber = input()
            add_passenger(psglist, psg)
            print("您的订票已成功.")
        c = input()


# 航班查询函数
def query(fltlist, psglist):
    while True:
        os.system("cls")
        print("航班查询")
        print("～～～～～～～")
        print("1.按航班号查询")
        print("2.按姓名查询乘客")
        print("3.按起飞、到达港查询")
        print("4.按日期查询航班情况")
```

```python
        print("5.返回")
        print("请选择 1 - 5:")
        c = input()
        while True:
            if c == '1':
                fltnumber(fltlist)
                break
            elif c == '2':
                psgname(psglist)
                break
            elif c == '3':
                fromto(fltlist)
                break
            elif c == '4':
                fltdat(fltlist, psglist)
                break
            elif c == '5':
                break
            else:
                continue
        if c == '5':
            break


# 按航班号查询航班信息
def fltnumber(fltlist):
    c = 'y'
    while c == 'y' or c == 'Y':
        b = 0                                    # 用 b 来标记是否查询到
        print("可以查询的航班号:")
        for i in range(40):
            if fltlist[i].m_fltno != - 1:
                b = 1
                print(fltlist[i].m_fltno, end = ' ')
        if b == 0:
            print("无\n 按任意键返回.")
            input()
            return
        print("请输入要查询的航班号:")
        fltno = int(input())
        for i in range(40):
            if fltlist[i].m_fltno == fltno:
                print("% s - - % s - - % s" % (fltlist[i].m_szFrom, fltlist[i].m_szPass,
fltlist[i].m_szTo))
                print("起飞时间: % 2d: % 02d 到达时间: % 2d: % 02d 飞行固定时间: % 2d: % 02d" % (
                    fltlist[i].m_start.m_hour, fltlist[i].m_start.m_min,
                    fltlist[i].m_arrive.m_hour, fltlist[i].m_arrive.m_min,
                    fltlist[i].m_fly.m_hour, fltlist[i].m_fly.m_min
                ))
                print("乘客限额: % d" % fltlist[i].m_people)
                break
```

```python
        print("继续查询吗?(y/n)")
        c = input()


# 按姓名查询乘客信息
def psgname(psglist):
    c = 'y'
    while c == 'y' or c == 'Y':
        b = 0                                          # 用 b 来标记是否有查询到
        print("请输入乘客姓名:")
        name = input()
        p = psglist.next
        while p is not None:                           # 遍历乘客链表
            if p.m_psg.m_szName == name:
                b = 1
                print("姓名:%s 单位:%s 身份证号:%s" % (p.m_psg.m_szName, p.m_psg.m_
szCorp, p.m_psg.m_szNumber))
                print("订票日期:%d-%d-%d " % (p.m_psg.m_Date.m_year, p.m_psg.m_
Date.m_month, p.m_psg.m_Date.m_day))
                print("航班号:%d 座位号:%d" % (p.m_psg.m_fltno, p.m_psg.m_seatno))
                break
            p = p.next
        if b == 0:
            print("查无此人,按任意键退出")
            input()
            return
        print("是否继续查询?(y/n)")
        c = input()


# 按起飞、到达港查询航班信息
def fromto(fltlist):
    c = 'y'
    while c == 'y' or c == 'Y':
        b = 0
        print("请输入起飞港:")
        start = input()
        print("请输入到达港:")
        end = input()
        for i in range(40):
            if fltlist[i].m_szFrom == start:
                if fltlist[i].m_szTo == end:
                    b = 1
                    break
        if b:
            print("%s--%s--%s" % (fltlist[i].m_szFrom, fltlist[i].m_szPass, fltlist
[i].m_szTo))
                print("起飞时间:%2d:%02d 到达时间:%2d:%02d 飞行固定时间:%2d:%02d" % (
                fltlist[i].m_start.m_hour,
                fltlist[i].m_start.m_min,
                fltlist[i].m_arrive.m_hour,
```

```
                    fltlist[i].m_arrive.m_min,
                    fltlist[i].m_fly.m_hour,
                    fltlist[i].m_fly.m_min
                ))
                print("乘客限额:%d" % fltlist[i].m_people)
            else:
                print("无此飞机")
            print("是否继续查询?(Y/N)");
            c = input()


# 按日期查询航班情况
def fltdat(fltlist, psglist):
    people = [0] * 40
    date = Date()
    print("请输入您要查询的日期(yyyy mm dd):")
    date.m_year = int(input())
    date.m_month = int(input())
    date.m_day = int(input())
    p = psglist.next
    while p is not None:                    # 统计该日期下每个航班的乘客数
        if date_cmp(date, p.m_psg.m_Date):
            for i in range(40):
                if fltlist[i].m_fltno == p.m_psg.m_fltno:
                    people[i] += 1
        p = p.next
    for i in range(40):                     # 输出该日期下每个航班的信息和乘客数
        if people[i] > 0:
            print("%d %s-- %s-- %s 人数:%d" % (
                fltlist[i].m_fltno,
                fltlist[i].m_szFrom,
                fltlist[i].m_szPass,
                fltlist[i].m_szTo,
                people[i]
            ))
    input()


# 添加函数
def add(fltlist):
    c = 'y'
    while c == 'y' or c == 'Y':
        flt = Flight()
        # 输入所要添加航班的信息
        print("请输入航班号(1 - 10000):")
        flt.m_fltno = int(input())
        print("请输入起飞港:")
        flt.m_szFrom = input()
        print("请输入途经港:")
        flt.m_szPass = input()
        print("请输入到达港:")
```

数据结构实验

138

```
        flt.m_szTo = input()
        print("请输入起飞时间(hh:mm):")
        flt.m_start.m_hour = int(input())
        flt.m_start.m_min = int(input())
        print("请输入到达时间(hh:mm):")
        flt.m_arrive.m_hour = int(input())
        flt.m_arrive.m_min = int(input())
        print("请输入飞行固定时间(hh:mm):")
        flt.m_fly.m_hour = int(input())
        flt.m_fly.m_min = int(input())
        print("请输入乘客限额:")
        flt.m_people = int(input())
        if add_flight(fltlist, flt):
            print("添加成功,", end = '')
        else:
            print("添加失败,", end = '')
        print("继续添加航班吗(Y/N)?")
        c = input()
        print(c)


#  删除函数
def delete(fltlist):
    b = 0
    c = 'y'
    while c == 'y' or c == 'Y':
        print("可以取消的航班号:")
        for i in range(40):
            if fltlist[i].m_fltno != -1:
                b = 1
                print(fltlist[i].m_fltno, end = '')
        if b == 0:
            print("无\n 按任意键返回.")
            input()
            return
        print("请输入要取消的航班号:")
        fltno = int(input())
        for i in range(40):                      #  查找并删除航班
            if fltlist[i].m_fltno == fltno:
                del_flight(fltlist, i)
                break
        print("继续删除吗(y/n)?")
        c = input()


#  查询航班
def flight_query(fltlist):
    c = 'y'
    while c == 'y' or c == 'Y':
        b = 0
        print("可以查询的航班号:")
```

```python
    for i in range(40):
        if fltlist[i].m_fltno != -1:
            b = 1
            print(fltlist[i].m_fltno, end = ' ')
    if b == 0:
        print("无\n按任意键返回.")
        input()
        return
    print("请输入要查询的航班号:")
    fltno = int(input())
    for i in range(40):
        if fltlist[i].m_fltno == fltno:
            print("%s-- %s-- %s乘客限额:%d" % (
                fltlist[i].m_szFrom,
                fltlist[i].m_szPass,
                fltlist[i].m_szTo,
                fltlist[i].m_people
            ))
            print("起飞时间:%2d:%02d 到达时间:%2d:%02d 飞行固定时间:%2d:%02d"
% (
                fltlist[i].m_start.m_hour, fltlist[i].m_start.m_min,
                fltlist[i].m_arrive.m_hour, fltlist[i].m_arrive.m_min,
                fltlist[i].m_fly.m_hour, fltlist[i].m_arrive.m_min
            ))
            break
    print("继续查询吗(y/n)?")
    c = input()


# 查询某一天航班的信息
def oneday(fltlist, psglist):
    c = 'y'
    while c == 'y' or c == 'Y':
        people = [0] * 40
        date = Date()
        for i in range(40):
            people[i] = 0
        print("请输入您要管理的日期(yyyy,mm,dd):")
        date.m_year = int(input())
        date.m_month = int(input())
        date.m_day = int(input())
        p = psglist.next
        while p is not None:
            if date_cmp(p.m_psg.m_Date, date):
                for i in range(40):
                    if fltlist[i].m_fltno == p.m_psg.m_fltno:
                        people[i] += 1
            p = p.next
        for i in range(40):
            if fltlist[i].m_fltno != -1:
                print("%d %s-- %s-- %s人数:%d" % (
```

```
                            fltlist[i].m_fltno,
                            fltlist[i].m_szFrom,
                            fltlist[i].m_szPass,
                            fltlist[i].m_szTo,
                            people[i]
                        ))
            print("继续管理吗?(y/n)")
            c = input()


    # 询某段日期内的航班信息
    def multiday(fltlist, psglist):
        c = 'y'
        while c == 'y' or c == 'Y':
            date = [Date() for i in range(7)]
            people = [[0] * 7] * 40
            print("请输入要查询的天数(1-7):")
            while True:
                n = int(input())
                if n > 7 or n < 1:
                    print("输入非法,请重新输入:")
                else:
                    break
            for i in range(n):
                print("请输入第%d个日期(yyyy,mm,dd):" % i)
                date[i].m_year = int(input())
                date[i].m_month = int(input())
                date[i].m_day = int(input())
            p = psglist.next
            while p is not None:
                for j in range(n):
                    if date_cmp(date[j], p.m_psg.m_Date):
                        for i in range(40):
                            if fltlist[i].m_fltno == p.m_psg.m_fltno:
                                people[i][j] += 1
                p = p.next
            for i in range(40):
                if fltlist[i].m_fltno != -1:
                    print("%d %s-- %s-- %s " % (
                        fltlist[i].m_fltno,
                        fltlist[i].m_szFrom,
                        fltlist[i].m_szPass,
                        fltlist[i].m_szTo
                    ), end = '')
                    for j in range(n):
                        print(people[i][j], end = '')
                    print()
            print("继续查询吗?(y/n)")
            c = input()
```

```python
# 航班管理主菜单
def manage(fltlist, psglist):
    while True:
        os.system('cls')
        print("航班管理")
        print("～～～～～～～～")
        print("1.查询航班基本情况")
        print("2.对某天航班飞行情况管理")
        print("3.近期航班飞行情况管理")
        print("4.取消航班")
        print("5.新增航班")
        print("6.返回")
        print("请选择 1～6:")
        c = input()
        while True:
            if c == '1':
                flight_query(fltlist)
                break
            elif c == '2':
                oneday(fltlist, psglist)
                break
            elif c == '3':
                multiday(fltlist, psglist)
                break
            elif c == '4':
                delete(fltlist)
                break
            elif c == '5':
                add(fltlist)
                break
            elif c == '6':
                break
            else:
                continue
        if c == '6':
            break


def main():
    fltlist = [Flight() for i in range(40)]      # 航班信息数组
    psglist = PsgNode()                           # 乘客链表头结点
    while True:
        os.system('cls')
        print("飞机订票系统")
        print("～～～～～～～～～～～")
        print(" --- 主菜单 --- ")
        print("1.订票")
        print("2.航班管理")
        print("3.查询")
        print("4.退出")
        print("请选择 1 - 4:")
```

```
        c = input()
        while True:
            if c == '1':
                book(fltlist, psglist)
                break
            elif c == '2':
                manage(fltlist, psglist)
                break
            elif c == '3':
                query(fltlist, psglist)
                break
            elif c == '4':
                break
            else:
                continue
        if c == '4':
            break


main()
```

【实验结果】

1. 主菜单

```
飞机订票系统
~~~~~~~~~~~~
--- 主菜单 ---
1.订票
2.航班管理
3.查询
4.退出
请选择 1~4：
```

2. 新增航班

```
航班管理
~~~~~~~~
1.查询航班基本情况
2.对某天航班飞行情况管理
3.近期航班飞行情况管理
4.取消航班
5.新增航班
6.返回
请选择 1~6：
5
请输入航班号(1~10000)：
9527
请输入起飞港：
杭州
请输入途经港：
无
```

请输入到达港:

温州

请输入起飞时间(hh:mm):

11

11

请输入到达时间(hh:mm):

12

12

请输入飞行固定时间(hh:mm):

11

20

请输入乘客限额:

30

添加成功,继续添加航班吗(y/n)?

3. 订票

飞机订票系统

~~~~~~~~~~~~~~~~

--- 主菜单 ---

1.订票

2.航班管理

3.查询

4.退出

请选择 1~4:

1

请输入航班号:

9527

请输入订票日期:(yyyy,mm,dd)

2021

10

1

以下座位尚未有人订:

1 2 3 4 5 6 7 8 9 10 11 12 13 14 15 16 17 18 19 20 21 22 23 24 25 26 27 28 29 30

请输入订票座位号:

1

请输入乘客姓名:

happy

请输入乘客单位:

计算机与人工智能学院

请输入乘客身份证号:

330301199001010001

您的订票已成功

4. 按航班号查询

航班管理

~~~~~~~~~

1.查询航班基本情况

2. 对某天航班飞行情况管理

3. 近期航班飞行情况管理

4. 取消航班

5. 新增航班

6. 返回

请选择 1～6:

1

可以查询的航班号:

9527 请输入要查询的航班号:

9527

杭州 -- 无 -- 温州 乘客限额:30

起飞时间:11:11 到达时间:12:12 飞行固定时间:11:12

继续查询吗(y/n)?

5. 按乘客姓名查询

航班查询

～～～～～～～～

1. 按航班号查询

2. 按姓名查询乘客

3. 按起飞、到达港查询

4. 按日期查询航班情况

5. 返回

请选择 1～5:

2

请输入乘客姓名:

happy

姓名:happy 单位:计算机与人工智能学院 身份证号:330301199001010001

订票日期:2021 - 10 - 1

航班号:9527 座位号:1

是否继续查询?(y/n)

6. 按日期查询

航班查询

～～～～～～～～

1. 按航班号查询

2. 按姓名查询乘客

3. 按起飞、到达港查询

4. 按日期查询航班情况

5. 返回

请选择 1～5:

4

请输入您要查询的日期(yyyy mm dd):

2021

10

1

9527 杭州 -- 无 -- 温州 人数:1

实验 3　两 数 之 和

【任务】

输入一个长度为 n 的正整数数组 array 和一个正整数目标值 target，请设计程序判断是否存在数组里有两个正整数相加等于目标值，若存在请输出符合条件的任一两个数。

要求：利用散列表的特性降低时间复杂度，并输出正确结果。

输入数据：输入整数 n，长度为 n 的正整数数组 array，正整数目标值 target。

输出形式：输出存在或不存在，如果存在输出符合条件的任一两个数。

【示例】

输入：$n=4$, array$=[3,6,9,1]$, target$=12$

输出：3 和 9

解释：因为 $3+9=12$，所以输出 3 和 9。

【代码】

```python
# 散列表类
class HashTable:
    def __init__(self, hash_size):
        self.nums = [None] * hash_size        # 数组
        self.size = hash_size                 # 散列表容量

    # 构造散列表函数
    def hash(self, key):
        return key % self.size                # 采用除留余数法

    # 插入函数
    def insert_hash(self, key):
        addr = self.hash(key)
        # 使用线性探测法处理冲突
        while self.nums[addr] is not None:
            addr = (addr + 1) % self.size
        self.nums[addr] = key

    # 查找函数
    def search_hash(self, key):
        addr = self.hash(key)
        # 如果冲突则进行线性探测
        while self.nums[addr] != key:
            addr = (addr + 1) % self.size
            # 如果探测到空置或者循环回到原点则查找失败
            if self.nums[addr] is None or addr == self.hash(key):
                return False
        return True                           # 查找成功


def main():
    n = int(input("请输入数组长度:"))
```

146

```
        ht = HashTable(2 * n)                    # 初始化散列表,设填装因子为 0.5
        arr = input("请输入数组元素:")
        array = [int(n) for n in arr.split(' ')]
        target = int(input("请输入目标值:"))
        for i in range(n):                        # 遍历查找
            if ht.search_hash(target - array[i]):
                print("存在两数之和为目标值,它们其中一组为:")
                print("%d 和 %d" % (target - array[i], array[i]))
                return
            ht.insert_hash(array[i])              # 如果查找失败则将该元素插入到散列表
        print("不存在!")


main()
```

【实验结果】

```
请输入数组长度: 4
请输入数组元素: 3 6 9 1
请输入目标值: 12
存在两数之和为目标值,它们其中一组为:
3 和 9
```

【分析】

在该实验中,我们最容易想到的方法就是枚举数组里的每一个元素,去寻找数组中是否存在目标值减去该元素的值。这样我们就需要用两个 for 循环去实现这个功能。用这样的方法,该程序的时间复杂度为 $O(n^2)$,其中 n 是数组的元素数量。

这样的方法复杂度还是比较高的,于是我们应该选择更为优秀的方法。我们可以利用散列表的查询特性来降低时间复杂度。如果在散列表中查找没有冲突,那么此次查找的时间复杂度为 $O(1)$,这就大大缩小了该程序的时间复杂度。

实验 4　点亮技能图

【任务】

现在有一幅技能图,各个技能记为 $0 \sim n-1$。在点亮某些技能之前需要一些前置技能。例如,想要学习技能 0,你需要先完成技能 1。给定技能总量以及它们的前置技能,输出你点亮整个技能图的技能所安排的学习顺序。可能会有多个正确的顺序,你只要返回一种就可以了。如果无法点亮所有技能,请输出该技能图是无法全部点亮的。

输入数据:输入技能总数 n,技能图边总数 e 和 e 个边。

输出形式:如果可以点亮整个技能图则输出正确的学习顺序。

【示例】

输入:n=4,e=4,[[0, 1], [0, 2], [1, 3], [2, 3]]

输出:[0,1,2,3] or [0,2,1,3]

解释:如附图 A-1 所示,先学会技能 0 才能学会技能 1 和技能 2,学完技能 1 和技能 2

才能学会技能 3。故正确的学习顺序为 0,1,2,3 或 0,2,1,3。

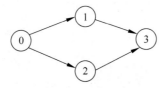

附图 A-1　实验四示意图

【代码】

```python
# 顺序队列
class SqQueue:
    def __init__(self, maxsize):
        self.maxSize = maxsize                 # 队列的容量
        self.queue = [None] * self.maxSize     # 队列初始化
        self.front = 0                         # 指向队首元素
        self.rear = 0                          # 指向队尾元素的下一个位置

    # 判空
    def is_empty(self):
        return self.rear == self.front

    # 入队
    def push(self, e):
        if self.rear == self.maxSize:
            raise Exception("队列上溢!")
        self.queue[self.rear] = e              # 送值到队尾元素
        self.rear += 1                         # 队尾指针加1

    # 出队
    def pop(self):
        if self.is_empty():
            return
        e = self.queue[self.front]             # 获取出队元素
        self.front += 1                        # 队头指针加1
        return e

    # 获取队头元素
    def get_head(self):
        return self.queue[self.front]


# 邻接表的边表结点类
class ArcNode:
    def __init__(self, adjVex, value, nextArc = None):
        self.adjVex = adjVex                   # 该边指向的技能编号
        self.nextArc = nextArc                 # 指向与顶点相连的下一条边


# 邻接表的顶点表结点类
class VNode:
```

```python
    def __init__(self, data = None, firstNode = None):
        self.data = data                           # 技能编号
        self.firstNode = firstNode                 # 指向第一条依附该顶点的边
        self.indegree = 0                          # 该技能的技能边入度


# 邻接表类
class ALGraph:
    def __init__(self, vexNum = 0, arcNum = 0, vex = None, edge = None):
        self.vexNum = vexNum                       # 技能个数
        self.arcNum = arcNum                       # 技能图边数
        self.vex = vex                             # 顶点表
        self.edge = edge                           # 边表

    # 根据顶点的值来定位其顶点序号
    def location_vex(self, x):
        for i in range(self.vexNum):               # 按值遍历搜寻顶点表
            if self.vex[i].data == x:
                return i                           # 返回顶点序号
        return -1                                  # 表示未找到该值的顶点

    # 插入边表结点
    def add_arc(self, i, j, value):
        # i 为源点序号
        # j 为目标点序号
        # value 为边的权值
        arc = ArcNode(j, value)                    # 建立边表结点
        # 以头插法方式插入到边表里
        arc.nextArc = self.vex[i].firstNode
        self.vex[i].firstNode = arc
        self.vex[j].indegree += 1                  # 入度 + 1

    # 查找顶点序号为 i 的第一个邻接点
    def first_adj(self, i):
        if i < 0 or i >= self.vexNum:
            raise Exception("第 %s 个结点不存在!" % i)
        pre = self.vex[i].firstNode                # 获取顶点 i 的边表第一个结点
        if pre is not None:                        # 如果顶点 i 存在邻接点
            return pre.adjVex                      # 返回第一个结点的目标点序号
        return -1

    # 创建有向图
    def create_dg(self):
        vex = self.vex                             # 获取顶点列表
        self.vex = [None] * self.vexNum            # 初始化顶点表
        for i in range(self.vexNum):               # 将顶点列表转化为顶点表结点列表
            self.vex[i] = VNode(vex[i])
        for i in range(self.arcNum):
            a, b = self.edge[i]                    # a,b 为边的两个顶点的值
            u, v = self.location_vex(a), self.location_vex(b)   # 获取 a 和 b 的顶点序号
            self.add_arc(u, v, 1)
```

```python
# 使用邻接表存储技能图
def create_skill_tree(graph):
    print("输入技能数量和技能图边数:")
    graph.vexNum = int(input())
    graph.arcNum = int(input())
    if graph.vexNum < 0 or graph.arcNum < 0:
        print("请输入正确的技能数量和技能图边数!")
        return 0
    print("输入 e 个技能图边,如 0 1 代表技能 1 的前置技能为 0 :")
    g = []
    for i in range(graph.arcNum):
        arc = input()
        arc = [int(n) for n in arc.split(' ')]
        if arc[0] >= graph.vexNum or arc[1] >= graph.vexNum:
            print("该技能不存在,建立技能图失败!")
            return 0
        g.append(arc)
    graph.vex = [i for i in range(graph.vexNum)]
    graph.edge = g
    graph.create_dg()
    print("建立技能图成功!")
    return 1


# 主函数,该程序本质上是对技能图进行拓扑排序
def main():
    graph = ALGraph()
    if not create_skill_tree(graph):
        return
    array = []                                      # 保存拓扑顺序的数组
    sq = SqQueue(20)                                # 创建队列
    for i in range(graph.vexNum):                   # 先将当前入度为 0 的边入队
        if not graph.vex[i].indegree:
            sq.push(i)
    while not sq.is_empty():                         # 当队列为非空时
        cur_skill = sq.get_head()
        array.append(cur_skill)
        sq.pop()
        p = graph.vex[cur_skill].firstNode
        while p is not None:                         # 遍历边表
            k = p.adjVex                             # 获取该边指向的技能编号
            graph.vex[k].indegree -= 1               # 该技能编号的入度 - 1
            if graph.vex[k].indegree == 0:           # 如果该技能编号的入度为 0 则入队
                sq.push(k)
            p = p.nextArc

    # 如果出队数等于技能总数则说明拓扑排序成功,该图不存在环
    if len(array) == graph.vexNum:
        print("点亮整个技能图的正确顺序:")
        for i in range(graph.vexNum):
            print(array[i], end = ' ')
```

```
        else:                                    # 该图存在环
            print("该技能图无法全部点亮!")


main()
```

150

【实验结果】

```
输入技能数量和技能图边数:
4
4
输入 e 个技能图边,如 0 1 代表技能 1 的前置技能为 0:
0 1
0 2
1 3
2 3
建立技能图成功!
点亮整个技能图的正确顺序:
0 2 1 3
```

【分析】

本实验本质上是拓扑排序问题,在该实验中利用邻接表和队列存储结构对图进行了拓扑排序。算法中第一个 for 循环将入度为 0 的技能顶点入队,for 循环的时间复杂度为 $O(n)$;其后的 while 循环中,每个技能顶点各入队、出队一次,入度-1 的操作共执行 e 次,while 的时间复杂度为 $O(e)$。所以整个拓扑算法的时间复杂度为 $O(n+e)$。

实验 5　网络延迟时间

【任务】

有 n 个网络结点,标记为 $0 \sim n-1$。给出一个列表 times,表示信号经过有向边的传递时间。现在,从某个结点 m 发出一个信号。需要多久才能使所有结点都收到信号?如果不能使所有结点收到信号,输出接收信号失败。

输入数据: $n(n<10)$,e,以源结点、目标结点、传递时间的形式输入 e 个有向边,再输入起始发送结点 m。

输出形式:输出使所有结点都收到信号的时间。

【示例】

输入: $n=4$,$e=3$,edge$=[[1,0,1],[1,2,1],[2,3,1]]$,$m=1$

输出:经过 2 时长后所有结点都能收到信号

解释:如附图 A-2 所示,当初始结点 1 到达结点 3 时,所有结点都接收到了来自初始结点 1 的信号,此时结点 1 到结点 3 的时长是 2,故经过 2 时长后所有结点都能收到信号。

【代码】

```
inf = 100000                    # 代表无限大
MAXSIZE = 10                     # 最大结点数
```

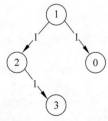

附图 A-2　实验五示例

```python
# dijkstra算法求最短时长,并输出路径
def dijkstra(graph, n, start, dist):
    # graph   权值矩阵
    # n       矩阵大小,即点的个数
    # start   起点
    # dist    接收到所有点的最短距离
    path = [None] * n                  # 存储最短路径上某一结点的前一个结点
    mark = [0] * n                     # 标记结点是否已计算好最短时长
    dist = [inf] * n
    for i in range(n):                 # 先计算跟起点直接相连的有向边
        dist[i] = graph[start][i]      # 更新 dist
        if i != start and dist[i] < inf:    # 如果存在线路则添加路径点
            path[i] = start
        else:
            path[i] = -1               # 设为路径不存在
    mark[start] = 1                    # 已计算完起点的最短时长
    while True:                        # 计算所有结点的最短时长路径
        v = -1
        for i in range(n):             # 找到最小的距离
            if mark[i] == 0:
                if dist[i] < inf:
                    v = i
        if v == -1:                    # 找不到更短的路径时退出循环
            break
        mark[v] = 1                    # 该结点已经计算完成
        # 更新最短时长路径
        # 如果加入其他边后时长比原来的少则更新 dist 和 path
        for i in range(n):
            if mark[i] == 0 and graph[v][i] != inf and dist[v] + graph[v][i] < dist[i]:
                dist[i] = dist[v] + graph[v][i]
                path[i] = v

    # 输出路径
    print("起点\t终点\t最短时长\t对应路径")
    for i in range(n):
        if i == start:
            continue
        shortest = [0] * n             # 初始化结点最短时长路径
        print("%d\t" % start, end='')
        print("%d\t" % i, end='')
        print("%d\t\t" % dist[i], end='')
        k = 0
        shortest[k] = i
        # 将最短路径点赋值到 shortest 数组中
        while path[shortest[k]] != start and path[shortest[k]] != -1:
            k += 1
            shortest[k] = path[shortest[k - 1]]
        k += 1
        shortest[k] = start
        # 倒序输出得到到达该结点正确的最短时长对应路径
        for j in range(k, 0, -1):
```

```
                        print("%d->" % shortest[j], end='')
                print("%d" % shortest[0])
        return dist


#  输出网络延迟时间
def get_delay_time(dist, n):
    longest_time = 0
    for i in range(n):                          #  遍历得到起点到各个结点的最长时间
        if longest_time < dist[i]:
            longest_time = dist[i]
    if longest_time != inf:
        print("经过 %d 时长后所有结点都能收到信号." % longest_time)
    else:
        print("无法使所有结点都收到信号")



def main():
    dist = [None] * MAXSIZE                      #  起始点到各顶点的距离
    W = [[None] * MAXSIZE for _ in range(MAXSIZE)]
    #  本实验使用邻接矩阵来存储图
    #  初始化邻接矩阵
    for i in range(MAXSIZE):
        for j in range(MAXSIZE):
            if i == j:
                W[i][j] = 1
            else:
                W[i][j] = inf

    n = int(input("请输入网络结点数 n:"))
    e = int(input("请输入网络有向边数 e:"))
    print("请输入 e 个有向边信息:")
    for i in range(e):
        array = input()
        array = [int(x) for x in array.split('')]
        W[array[0]][array[1]] = array[2]
    m = int(input("请输入起始结点:"))
    dist = dijkstra(W, n, m, dist)               #  使用 dijkstra 算法计算最短时长路径
    get_delay_time(dist, n)                       #  输出网络延迟时间



main()
```

【实验结果】

```
请输入网络结点数 n: 4
请输入网络有向边数 e: 3
请输入 e 个有向边信息:
1 0 1
1 2 1
```

```
2 3 1
请输入起始结点: 1
起点      终点      最短时长      对应路径
1    0    1      1->0
1    2    1      1->2
1    3    2      1->2->3
经过2时长后所有结点都能收到信号
```

【分析】

本实验使用了求最短路径的经典算法——Dijkstra 算法。从实验的过程可以发现，Dijkstra 算法是基于贪心策略的。使用邻接矩阵表示图时，时间复杂度为 $O(V^2)$，其中 V 是顶点数量。如果使用邻接表来表示图，虽然修改 dist[] 的时间可以减少，但由于在 dist[] 中选择最小分量的时间不变，时间复杂度仍为 $O(V^2)$。故本实验还是选择了邻接矩阵来表示图。

该算法主要运用于求单源最短路径问题，可以求得从源点到各个顶点的最短路径，正好符合了该实验求网络延迟时间的需求。

Dijkstra 算法有一个值得注意的缺点，即当边上带有负权值时该算法并不适用。若允许边上带有负权值，则在与 S（已求得最短路径的顶点集）内某点（记为 v_1）以负边相连的点（记为 v_2）确定其为最短路径时，其最短路径长度加上这条负边的权值结果可能小于 v_1 原先确认的最短路径长度，而此时 v_1 在 Dijkstra 算法下是无法更新的。

实验 6　运动会分数统计

【任务】

参加运动会有 n 个学校，学校编号为 $1\sim n(n\leqslant 20)$。比赛分成 $m(m\leqslant 20)$ 个男子项目和 w 个女子项目。项目编号为男子 $1\sim m$，女子 $m+1\sim m+w$。不同的项目取前五名或前三名获得积分；取前五名的积分分别为 7、5、3、2、1，前三名的积分分别为 5、3、2。

【功能要求】

可以输入各个项目的前三名或前五名的成绩；能统计各学校总分；可以按学校编号、学校总分、男女团体总分排序输出；可以按学校编号查询学校某个项目的情况；可以按项目编号查询取得前三或前五名的学校。

【代码】

```python
import os


# 项目类
class XmTable:
    def __init__(self):
        self.item = None
        self.name = None
        self.count = 0
```

```python
# 学生类
class Student:
    def __init__(self):
        self.name = None          # 姓名
        self.score = None         # 得分成绩
        self.range = None         # 得分名词
        self.item = None          # 得分项目
        self.sex = None           # 性别


# 学校链表类
class School:
    def __init__(self):
        self.count = None                                  # 实际运动员个数
        self.serial = None                                 # 学校编号
        self.name = None                                   # 学校名称
        self.menscore = None                               # 男子团体总分
        self.womenscore = None                             # 女子团体总分
        self.totalscore = None                             # 团体总分
        self.score = None                                  # 学校积分
        self.students = [Student() for _ in range(10)]     # 学校参赛运动员
        self.next = None                                   # 指向下一个参赛学校


# 菜单类
class Menu:
    def __init__(self):
        self.id = None
        self.name = None


obj_menu = Menu()                        # 保存当前菜单对象
obj_menu_name = ""                       # 保存当前菜单对象名称
obj_menu_num = -1                        # 保存当前菜单对象选择数
school_count = 0                         # 学校总数
boy_count = 0                            # 男生项目总数
girl_count = 0                          # 女生项目总数
xm_count = 0                            # 项目总数
xm_t = [XmTable() for _ in range(41)]    # 项目表


# 快速绘制空格
def setw(x):
    while x:
        print('', end='')
        x -= 1


# 绘制菜单
def show_menu(menu_name, p, menu_num):
    global obj_menu
```

```python
    global obj_menu_name
    global obj_menu_num
    obj_menu = p                                    # 保存当前菜单列表
    obj_menu_name = menu_name                        # 保存菜单名称
    obj_menu_num = menu_num                          # 保存菜单最大选项
    os.system('cls')                                 # 清屏
    x0 = 0
    x1 = 10
    x = 10                                           # 屏幕的 X 坐标
    setw(x)
    i = 1
    while i <= 60:                                    # 绘制菜单头——标题
        menu_name_len = len(menu_name.encode('gbk'))
        if i == (30 - (menu_name_len // 2 + 1)):     # 在 *** ... *** 的中间打印文字
            print(" % s " % menu_name, end = '')      # 打印菜单标题
            i += menu_name_len + 2 - 1                # 设置偏移位置
        else:
            print(" * ", end = '')
        i += 1
    print()
    setw(x); print(" * ", end = ''); setw(58); print(" * ");
    setw(x)
    for i in range(1, menu_num + 1):
        if x0 == 0:
            print(" * ", end = ''); setw(x1); print(" % d. % s" % (i, p[i].name), end = '')
            x0 = len(p[i].name.encode('gbk')) + 2
        else:
            if i != 10:
                setw(60 - 2 - 20 - x0 - len(p[i].name.encode('gbk')) - 2)
                print(" % d. % s" % (i, p[i].name), end = '')
            setw(x1); print(" * ");
            setw(x)
            x0 = 0
    print(" * ", end = ''); setw(58); print(" * "); setw(x)
    for i in range(1, 61):
        print(" * ", end = '')
    print("\n")
    setw(x); print("\t 请输入你选择的项:(1 --- % d)\n" % menu_num)


# 菜单项选择输入程序
def select_menu_id():
    err_t = 0                                        # 错误次数
    while True:                                      # 选择项的输入
        t = input("\n 请输入数字[0 -- 9]:")
        if '0' <= t[0] <= '9' and len(t) == 1:       # 防止输入错误
            return int(t[0])
        else:
            print("警告:输入只能是 0~9 这几个数字!")
            err_t += 1
            if err_t > 3:
```

```python
                show_menu(obj_menu_name, obj_menu, obj_menu_num)
                err_t = 0
            continue
    return -1


# 参数设置
def set_args():
    global school_count
    global boy_count
    global girl_count
    global xm_count
    while True:                                            # 设置参赛学校
        school_count = int(input("请输入参赛学校(n>=2)\nn="))
        if school_count < 2:
            print("数据输入有误")
            continue

        boy_count = int(input("请输入男生项目总数 0<n<=20\nm="))
        if boy_count <= 0 or boy_count > 20:
            print("数据输入有误")
            continue

        girl_count = int(input("请输入女生项目总数 0<n<=20\nw="))
        if girl_count <= 0 or girl_count > 20:
            print("数据输入有误")
            continue
        break
    xm_count = boy_count + girl_count                      # 更新项目总数


# 设置项目资料
def set_xm_info():
    global xm_t
    print("请输入男生项目信息")
    for i in range(1, boy_count + 1):
        print("项目 %d 名称 name=" % i, end='')
        xm_t[i].item = i                                   # 项目编号
        xm_t[i].count = 0                                  # 该项目的参与人数
        xm_t[i].name = input()                             # 项目名称
    print("请输入女生项目信息")
    for i in range(1, girl_count + 1):
        print("项目 %d 名称 name=" % i, end='')
        xm_t[i + 20].item = i                              # 项目编号
        xm_t[i + 20].count = 0                             # 该项目的参与人数
        xm_t[i + 20].name = input()                        # 项目名称


# 创建学校链表
def create_school_link(head):
    p = head
```

```python
    for i in range(1, school_count + 1):
        p.next = School()
        p = p.next
        print("请输入学校名称")
        print("学校编号 School ID = %d" % i)
        print("School Name = ", end = '')
        # 初始化
        p.serial = i
        p.score = 0
        p.totalscore = 0
        p.womenscore = 0
        p.menscore = 0
        p.name = input()
        p.count = 0
    p.next = None


# 添加获奖学生
def add_student_link(head):
    global xm_t
    school_id = int(input("请输入学生学校 ID(1 <---> %d)ID = " % school_count))
    student_name = input("请输入学生姓名 Name = ")
    sex = int(input("请选择学生性别[0 = 女 1 = 男]sex = "))
    if sex == 0:
        print("请输入项目编号 ID(1 <---> %d)ID = " % girl_count, end = '')
    if sex == 1:
        print("请输入项目编号 ID(1 <---> %d)ID = " % boy_count, end = '')
    xm_id = int(input())
    score = int(input("请输入该项目得分 score = "))
    range = int(input("请输入得分名次 range = "))

    # 查找学校 ID
    h = head.next
    while h is not None:
        if h.serial == school_id:
            p = h
            p.count += 1                                    # 运动员数 + 1
            p.students[p.count].name = student_name          # 学生姓名
            p.students[p.count].item = xm_id                 # 得分项目
            xm_t[xm_id].count += 1                           # 该项目得分人数 + 1
            p.students[p.count].range = range                # 得分名次
            p.students[p.count].score = score                # 得分
            p.students[p.count].sex = sex                    # 性别
            break
        else:
            h = h.next


# 添加学生
def add_student(head):
    while True:
```

```
        add_student_link(head)                          # 添加学生数据
        n = int(input("是否继续添加学生数据?[0 = No 1 = Yes]"))
        if n == 1:
            continue
        break


# 成绩统计
def tj_fx(head):
    global xm_t
    p = head.next
    menscore = 0                                         # 男子团体总分
    womenscore = 0                                       # 女子团体总分
    totalscore = 0                                       # 团体总分
    item_i = 0
    score = 0                                            # 积分
    while p is not None:
        for i in range(1, p.count + 1):
            totalscore += p.students[i].score            # 计算总分
            if p.students[i].sex == 0:                   # 计算女子团体总分
                womenscore += p.students[i].score
            else:                                        # 计算男子团体总分
                menscore += p.students[i].score
            item_i = p.students[i].item
            if xm_t[item_i].count >= 5:                  # 取前 5 名
                if p.students[i].range == 1:
                    score += 7
                elif p.students[i].range == 2:
                    score += 5
                elif p.students[i].range == 3:
                    score += 3
                elif p.students[i].range == 4:
                    score += 2
                elif p.students[i].range == 5:
                    score += 1
            if xm_t[item_i].count < 5:                   # 取前 3 名
                if p.students[i].range == 1:
                    score += 5
                elif p.students[i].range == 2:
                    score += 3
                elif p.students[i].range == 3:
                    score += 2
        p.score = score                                  # 保存积分
        p.womenscore = womenscore                        # 保存女子总分
        p.menscore = menscore                            # 保存男子总分
        p.totalscore = totalscore                        # 保存总分
        score = 0
        menscore = 0
        womenscore = 0
        totalscore = 0
        p = p.next
```

```python
#  输出统计数据
def output_link(head):
    global xm_t
    h = head.next
    while h is not None:                              #  遍历学校
        print("学校 ID:\n%d " % h.serial)
        print("学校名称:%s " % h.name, end = '')
        print("本次运动会积分:%d " % h.score)
        print("男子团体总分:%d " % h.menscore, end = '')
        print("女子团体总分:%d " % h.womenscore, end = '')
        print("总分:%d" % h.totalscore)
        print("运动员数:%d" % h.count)
        print(" -------------------------------- ")
        for i in range(1, h.count + 1):              #  输出该校学生运动员情况
            print("运动员名称%s " % h.students[i].name, end = '')
            print("性别%d" % h.students[i].sex)
            xm_item = h.students[i].item
            if h.students[i].sex == 0:               #  如果是女生则项目表向后移动 20
                xm_item += 20
            print("得分项目%s" % xm_t[xm_item].name, end = '')
            print("得分%d" % h.students[i].score, end = '')
            print("得分名次%d" % h.students[i].range, end = '')
        print("\n-------------------------------- ")
        h = h.next

    print("\n-- 本次运动会的项目清单 -- \n")
    for i in range(1, boy_count + 1):
        print("编号 %d 名称 %s 参与人数 %d" % (
                xm_t[i].item,
                xm_t[i].name,
                xm_t[i].count
        ))
    for i in range(1, girl_count + 1):
        print("编号 %d 名称 %s 参与人数 %d" % (
                xm_t[i + 20].item,
                xm_t[i + 20].name,
                xm_t[i + 20].count
        ))
    print("\n------------------------ ")
    input()


#  按学校编号查询学校某个项目
def find_school_xm(head, school_id, xm_id):
    global xm_t
    p = h = head.next
    while h is not None:
        if h.serial == school_id:
            p = h
            break
        h = h.next
```

```
        print("\n 按学校编号查询学校某个项目")
        xm_i = 0
        for i in range(1, p.count + 1):
            if p.students[i].item == xm_id:
                print("查询结果如下:\n")
                print("姓名:%s " % p.students[i].name)
                xm_i = p.students[i].item
                if p.students[i].sex == 0:
                    print("性别:女")
                    xm_i += 20
                else:
                    print("性别:男")
                print("项目编号:%d 项目名称:%s" % (p.students[i].item, xm_t[xm_i].name))
                print("该项目得分:%d 名次:%d" % (p.students[i].score, p.students[i].range))
        input()


# 按项目编号查询取得前三或前五名的学校
def find_xm_id(head, xm_id):
    p = h = head.next
    print("按项目编号查询学校");
    print("查询结果如下:");
    while h is not None:
        for i in range(1, h.count + 1):
            if h.students[i].item == xm_id:
                print("学校:%s 姓名:%s 名次:%d" % (h.name, h.students[i].name, h.
students[i].range))
        h = h.next
    input()


def main():
    p = [Menu() for _ in range(9)]
    p[1].name = "参数设置"
    p[2].name = "添加学生"
    p[3].name = "统计 "
    p[4].name = "学校查询"
    p[5].name = "项目查询"
    p[6].name = "返回 "
    id = 1
    head = School()
    while True:
        show_menu("数据结构 -- 运动会成绩统计", p, 6)    # 显示菜单
        id = select_menu_id()                              # 获取选中的菜单 ID
        while True:
            if id == 1:
                set_args()                                 # 设置学校信息
                set_xm_info()                              # 设置项目信息
                create_school_link(head)                   # 创建学校链表
                break
            elif id == 2:
```

```
        add_student(head)                    # 添加获奖学生
        break
    elif id == 3:
        tj_fx(head)                          # 统计成绩
        output_link(head)                    # 输出成绩
        break
    elif id == 4:
        m_school_id = int(input("请输入学校编号(1-- % d) School ID = " % school_count))
        m_xm_id = int(input("请输入项目编号(1-- % d) XM ID = " % xm_count))
        find_school_xm(head, m_school_id, m_xm_id)     # 按学校编号查询学校某个项目
        break
    elif id == 5:
        m_xm_i = int(input("请输入项目编号 ID = "))
        find_xm_id(head, m_xm_i)             # 按项目编号查询取得前三或前五名的学校
        break
    elif id == 6:
        return


main()
```

【实验结果】

1. 主菜单

```
    *************** 数据结构 -- 运动会成绩统计 ****************
    *                                                      *
    *          1.参数设置              2.添加学生           *
    *          3.统计                  4.学校查询           *
    *          5.项目查询              6.返回               *
    *                                                      *
    *******************************************************

        请输入你选择的项：(1～6)


请输入数字[0～9]:
```

2. 参数设置

```
请输入数字[0～9]: 1
请输入参赛学校(n > = 2)
n = 2
请输入男生项目总数 0 < n < = 20
m = 3
请输入女生项目总数 0 < n < = 20
w = 3
请输入男生项目信息
项目 1 名称 name = jump
项目 2 名称 name = race
项目 3 名称 name = fly
```

```
请输入女生项目信息
项目 1 名称 name = jump
项目 2 名称 name = race
项目 3 名称 name = fly
请输入学校名称
学校编号 School ID = 1
School Name = A
请输入学校名称
学校编号 School ID = 2
School Name = B
```

3. 添加学生

```
请输入数字[0~9]: 2
请输入学生学校 ID(1<--->2)ID = 1
请输入学生姓名 Name = Jim
请选择学生性别[0 = 女 1 = 男]sex = 1
请输入项目编号 ID(1<--->3)ID = 1
请输入该项目得分 score = 11
请输入得分名次 range = 1
是否继续添加学生数据?[0 = No 1 = Yes]
```

4. 统计

```
请输入数字[0~9]: 3
学校 ID:
1
学校名称: A 本次运动会积分: 5
男子团体总分: 11 女子团体总分: 0 总分: 11
运动员数: 1
----------------------------------------
运动员名称 Jim 性别 1
得分项目 jump 得分 11 得分名次 1
----------------------------------------
学校 ID:
2
学校名称: B 本次运动会积分: 0
男子团体总分: 0 女子团体总分: 0 总分: 0
运动员数: 0
----------------------------------------


----------------------------------------

-- 本次运动会的项目清单 --

编号 1 名称 jump 参与人数 1
编号 2 名称 race 参与人数 0
编号 3 名称 fly 参与人数 0
编号 1 名称 jump 参与人数 0
编号 2 名称 race 参与人数 0
```

> 编号 3 名称 fly 参与人数 0
>
> ------------------------

5. 学校查询

> 按学校编号查询学校某个项目
> 查询结果如下:
>
> 姓名: Jim
> 性别: 男
> 项目编号: 1 项目名称: jump
> 该项目得分: 11 名次: 1

6. 项目查询

> 请输入数字[0～9]: 5
> 请输入项目编号 ID = 1
> 按项目编号查询学校
> 查询结果如下:
> 学校: A 姓名: Jim 名次: 1

数据结构综合设计

综合设计 1　顺序表操作

【设计目的】

(1) 掌握线性表在顺序结构上的实现；

(2) 掌握线性表在顺序结构上的基本操作。

【设计内容和要求】

利用顺序表的插入运算建立顺序表，然后实现顺序表的查找、插入、删除、计数、输出、排序、逆置等运算(查找、插入、删除、查找、计数、输出、排序、逆置要单独写成函数)，并能在屏幕上输出操作前后的结果。

【考查知识点】

(1) 利用顺序表的插入运算建立顺序表；

(2) 实现顺序表的查找、插入、删除、计数、输出、排序、逆置等运算(查找、插入、删除、查找、计数、输出、排序、逆置要单独写成函数)；

(3) 能够在屏幕上输出操作前后的结果。

【代码】

```python
# 顺序表类
class SequenceList:
    def __init__(self, maxsize):
        self.curLen = 0                        # 顺序表当前长度
        self.maxSize = maxsize                 # 顺序表的容量
        self.sqList = [None] * self.maxSize    # 初始化列表
        n = int(input("请输入元素个数:"))
        print("请输入元素:")
        for i in range(n):
            self.sqList[i] = int(input())
            self.curLen += 1
        self.print_sq()

    # 打印顺序表
    def print_sq(self):
        for i in range(self.curLen):
            print(self.sqList[i], end = ' ')
        print()
```

```python
# 按位置索引插入
def insert(self):
    pos = int(input("请输入插入位置 i:"))
    if self.curLen == self.maxSize:              # 顺序表满,则抛出异常
        raise Exception("顺序表已满!")
    if pos < 0 or pos > len(self.sqList):        # 输入不合法,则抛出异常
        raise Exception("输入不合法!")
    e = int(input("输入插入数值 e:"))
    for i in range(self.curLen, pos - 1, - 1):
        self.sqList[i] = self.sqList[i - 1]
# 将插入位置及其后的所有元素后移一位
    self.sqList[pos] = e                          # 插入新元素 e
    self.curLen += 1                              # 表长 + 1
    print("输出插入之后的顺序表:")
    self.print_sq()


# 删除元素
def delete(self):
    pos = int(input("请输入你要删除的元素位序:"))
    if self.curLen == self.maxSize:              # 顺序表满,则抛出异常
        raise Exception("顺序表已满!")
    if pos < 0 or pos > len(self.sqList):        # 输入不合法,则抛出异常
        raise Exception("输入不合法!")
    for i in range(pos, self.curLen):
        self.sqList[i] = self.sqList[i + 1]
# 将待删除元素其后的所有元素前移一位
    self.curLen -= 1                             # 表长 - 1
    print("输出删除之后的顺序表:")
    self.print_sq()


# 查找
def find(self):
    e = int(input("请输入你要查找元素的数值:"))
    for i in range(self.curLen):                 # 逐一遍历查找
        if self.sqList[i] == e:
            print("你要查找元素的位序为:%d" % i) # 查找到则返回索引位置
            return
    print("未查找到!")                           # 未查找到


# 排序(从小到大)
def bubble_sort(self):
    for i in range(1, self.curLen):
        flag = False                             # 表示本趟冒泡是否发生交换的标志
        for j in range(self.curLen - i):         # 一趟冒泡过程
            if self.sqList[j] > self.sqList[j + 1]:  # 如果为逆序
                self.sqList[j + 1], self.sqList[j] = self.sqList[j], self.sqList[j + 1]
                                                 # 交换
                flag = True                      # 标记本趟冒泡发生过交换
        if flag is False:                        # 如果本趟冒泡没有发生交换,则排
                                                 #   序已经完成
            break
```

数据结构综合设计

```
            print("输出排序(由小到大)表:")
            self.print_sq()

        # 计数
        def get_length(self):
            print("输出表中元素个数")
            print(self.curLen)

        # 逆置
        def inverse(self):
            for i in range(self.curLen // 2):
                self.sqList[i], self.sqList[self.curLen - i - 1] = self.sqList[self.curLen -
i - 1], self.sqList[i]
            print("输出逆置顺序表")
            self.print_sq()


def main():
    print("    1. 构造      ")
    print("    2. 插入      ")
    print("    3. 删除      ")
    print("    4. 输出      ")
    print("    5. 计数      ")
    print("    6. 查找      ")
    print("    7. 逆置      ")
    print("    8. 排序      ")
    print("    9. 退出      ")

    while True:
        print("Please choose 1 to 9 :")
        i = int(input())
        if i == 1:
            sq_list = SequenceList(100)
            continue
        elif i == 2:
            sq_list.insert()
            continue
        elif i == 3:
            sq_list.delete()
            continue
        elif i == 4:
            print(sq_list.sqList)
            continue
        elif i == 5:
            sq_list.get_length()
            continue
        elif i == 6:
            sq_list.find()
            continue
        elif i == 7:
            sq_list.inverse()
```

```
            continue
    elif i == 8:
        sq_list.bubble_sort()
        continue
    elif i == 9:
        return
    else:
        print("输入有误")
        continue


main()
```

【运行结果】

1. 主菜单

```
1. 构造
2. 插入
3. 删除
4. 输出
5. 计数
6. 查找
7. 逆置
8. 排序
9. 退出
Please choose 1 to 9 :
```

2. 构造

```
Please choose 1 to 9 :
1
请输入元素个数: 6
请输入元素:
1
5
8
6
4
3
1 5 8 6 4 3
Please choose 1 to 9 :
```

3. 各选项结果

```
Please choose 1 to 9 :
2
请输入插入位置 i: 2
输入插入数值 e: 2
输出插入之后的序表:
1 5 2 8 6 4 3
```

```
Please choose 1 to 9 :
3
请输入你要删除的元素位序: 4
输出删除之后的顺序表:
1 5 2 8 4 3
Please choose 1 to 9 :
5
输出表中元素个数
6
Please choose 1 to 9 :
6
请输入你要查找元素的数值: 3
你要查找元素的位序为:5
Please choose 1 to 9 :
7
输出逆置顺序表
3 4 8 2 5 1
Please choose 1 to 9 :
8
输出排序(由小到大)表:
1 2 3 4 5 8
Please choose 1 to 9 :
9
```

综合设计 2　链表操作

【设计目的】

(1) 掌握线性表在链式结构上的实现;

(2) 掌握线性表在链式结构上的基本操作。

【设计内容和要求】

利用链表的插入运算建立链表,然后实现链表的查找、插入、删除、计数、输出、排序、逆置等运算(查找、插入、删除、查找、计数、输出、排序、逆置要单独写成函数),并能在屏幕上输出操作前后的结果。

【考查知识点】

(1) 利用链表的插入运算建立链表;

(2) 实现链表的查找、插入、删除、计数、输出、排序、逆置等运算(查找、插入、删除、查找、计数、输出、排序、逆置要单独写成函数);

(3) 能够在屏幕上输出操作前后的结果。

【代码】

```python
class Node:
    def __init__(self, data = None, next = None):
        self.data = data                 # 数据域
        self.next = next                 # 指针域
```

```python
class LinkList:
    def __init__(self):
        self.head = Node()
        x = int(input("请输入结点个数:"))
        print("请输入各结点元素的值为:")
        for _ in range(x):
            self.head_insert()                    # 以头插法插入
        self.print_list()                          # 打印链表

    # 头插法
    def head_insert(self):
        x = int(input())                           # 输入数据
        p = Node(x)
        p.next = self.head.next
        self.head.next = p                         # 将新结点插入表中

    # 插入
    def insert(self):
        i = int(input("请输入所要插入的位置:"))
        e = int(input("请输入所要插入的数:"))
        if i < 0:
            raise Exception("输入不合法,插入失败!")
        cur = self.head
        count = 0                                  # 记录当前位序
        while cur:                                 # 查找结点
            if count == i:
                p = Node(e)
                p.next = cur.next                  # 将新结点的 next 指针指向当前位置的后继结点
                cur.next = p                       # 将当前位置的 next 指针指向新结点
                self.print_list()
                return True
            cur = cur.next
            count += 1
        raise Exception("输入不合法,插入失败!")

    # 删除
    def delete(self):
        i = int(input("请输入要删除的第几个结点:"))
        if i < 0:
            raise Exception("输入不合法,删除失败!")
        cur = self.head
        count = 0
        while cur.next is not None:                # 查找结点
            if count == i:
                e = cur.next.data
                cur.next = cur.next.next
                print("被删除结点的数值为:%d" % e)
                self.print_list()
                return
            cur = cur.next
            count += 1
```

数据结构综合设计

```python
        raise Exception("输入不合法,删除失败!")

    # 获取表长
    def get_length(self):
        cur = self.head.next              # cur 为单链表中第一个结点
        count = 0                         # 计数器
        while cur is not None:            # 遍历单链表
            count += 1                    # 每访问一个结点,计数器 + 1
            cur = cur.next
        print("结点个数为:%d" % count)

    # 按位序查询
    def get(self):
        i = int(input("请输入要查找的数的序号:"))
        cur = self.head.next
        count = 0
        while cur is not None:            # 逐一遍历
            if count == i:
                print("你查找的第 %d 个结点的数值为 %d" % (i, cur.data))
                return True
            cur = cur.next
            count += 1
        print("未查询到!")

    # 冒泡排序
    def bubble_sort(self):
        k = 0
        cur = self.head.next
        while cur is not None:            # 统计链表的结点数,k 为结点数
            k += 1
            cur = cur.next
        cur = self.head.next
        # 对链表进行冒泡排序
        for i in range(k - 1):
            cur = self.head.next
            for j in range(k - i - 1):
                q = cur.next
                if cur.data > q.data:     # 升序
                    cur.data, q.data = q.data, cur.data
                cur = cur.next
        cur = self.head.next
        print("输出升序的链表为:")
        self.print_list()

    # 打印链表
    def print_list(self):
        cur = self.head.next
        while cur:
            print(cur.data, end = ' ')    # 输出链表结点数据域,并以空格隔开
            cur = cur.next
        print()
```

```
# 逆置链表
def inverse(self):
    cur = self.head.next
    q = cur.next
    self.head.next = None
    while cur.next is not None:
        cur.next = self.head.next
        self.head.next = cur
        cur = q
        q = q.next
    cur.next = self.head.next
    self.head.next = cur
    print("逆置后的链表结果为:")
    self.print_list()


def main():
    print("逆序输入创建一个链表并实现下列功能")
    print("      1. 创建      ")
    print("      2. 插入      ")
    print("      3. 删除      ")
    print("      4. 计数      ")
    print("      5. 查找      ")
    print("      6. 排序      ")
    print("      7. 输出      ")
    print("      8. 逆置      ")

    while True:
        i = int(input("请在 1 - 8 功能中选择一个: "))
        if i == 1:
            link_list = LinkList()
            continue
        elif i == 2:
            link_list.insert()
            continue
        elif i == 3:
            link_list.delete()
            continue
        elif i == 4:
            link_list.get_length()
            continue
        elif i == 5:
            link_list.get()
            continue
        elif i == 6:
            link_list.bubble_sort()
            continue
        elif i == 7:
            link_list.print_list()
            continue
        elif i == 8:
```

数据结构综合设计

```
                link_list.inverse()
                continue
        else:
            print("输入错误")
            continue


main()
```

【运行结果】

1. 主菜单

```
逆序输入创建一个链表并实现下列功能
    1. 创建
    2. 插入
    3. 删除
    4. 计数
    5. 查找
    6. 排序
    7. 输出
    8. 逆置
请在 1～8 功能中选择一个：
```

2. 各选项结果

```
请在 1～8 功能中选择一个：2
请输入所要插入的位置：3
请输入所要插入的数：9
2 3 6 9 4
请在 1～8 功能中选择一个：3
请输入要删除的第几个结点：2
被删除结点的数值为：6
2 3 9 4
请在 1～8 功能中选择一个：4
结点个数为：4
请在 1～8 功能中选择一个：5
请输入要查找的数的序号：2
你查找的第 2 个结点的数值为 9
请在 1～8 功能中选择一个：6
输出升序的链表为：
2 3 4 9
请在 1～8 功能中选择一个：7
2 3 4 9
请在 1～8 功能中选择一个：8
逆置后的链表结果为：
9 4 3 2
请在 1～8 功能中选择一个：9
输入错误
请在 1～8 功能中选择一个：
```

综合设计 3 二叉树的操作

【设计目的】

（1）掌握二叉树的概念和性质；

（2）掌握任意二叉树存储结构；

（3）掌握任意二叉树的基本操作。

【设计内容和要求】

（1）对任意给定的二叉树（顶点数自定）建立它的二叉链表存储结构，实现二叉树的先序、中序、后序三种遍历，输出三种遍历的结果；

（2）求二叉树高度、结点数、度为 1 的结点数和叶结点数。

【考查知识点】

（1）对任意给定的二叉树（顶点数自定）建立它的二叉链表存储结构；

（2）求二叉树高度、结点数、度为 1 的结点数和叶结点数。

【代码】

```python
class BiTreeNode:
    def __init__(self, data = None, lchild = None, rchild = None):
        self.data = data                 # 数据域值
        self.lchild = lchild             # 左孩子指针
        self.rchild = rchild             # 右孩子指针


class BiTree:
    def __init__(self, root = None):
        self.root = root                 # 二叉树的根结点
        self.n = 0                       # 度为 1 的结点个数
        self.leaves = 0                  # 叶子数

    # 先序遍历
    def pre_order(self, root):
        if root is not None:
            print(root.data, end = '')       # 输出根结点值
            self.pre_order(root.lchild)      # 递归遍历左子树
            self.pre_order(root.rchild)      # 递归遍历右子树

    # 中序遍历
    def in_order(self, root):
        if root is not None:
            self.in_order(root.lchild)       # 递归遍历左子树
            print(root.data, end = '')       # 输出根结点值
            self.in_order(root.rchild)       # 递归遍历右子树

    # 后序遍历
    def post_order(self, root):
        if root is not None:
```

```python
        self.post_order(root.lchild)        # 递归遍历左子树
        self.post_order(root.rchild)        # 递归遍历右子树
        print(root.data, end = '')          # 输出根结点值

    # 求二叉树深度
    def depth(self, root):
        if root is None:
            depth = 0
        else:
            left = self.depth(root.lchild)
            right = self.depth(root.rchild)
            depth = max(left, right) + 1
        return depth

    # 求二叉树结点数
    def get_num(self, root):
        if root is None:
            return 0
        num1 = self.get_num(root.lchild)
        num2 = self.get_num(root.rchild)
        return num1 + num2 + 1

    # 求二叉树度为 1 的结点个数
    def degree(self, root):
        if root is not None:
            if (root.lchild and root.rchild is None) or (root.lchild is not None and root.rchild is None):
                self.n += 1
            self.degree(root.lchild)
            self.degree(root.rchild)

    # 求二叉树的叶子个数
    def get_leaves(self, root):
        if root is not None:
            if root.lchild is None and root.rchild is None:
                self.leaves += 1
            self.get_leaves(root.lchild)
            self.get_leaves(root.rchild)


# 以先序遍历构造二叉树
def create(root = None):
    x = input()
    # 输入'#'表示该结点为 None
    if x == '#':
        root = None
        return
    root = BiTreeNode(x)
    root.lchild = create(root.lchild)
    root.rchild = create(root.rchild)
    return root
```

```
def main():
    tree = BiTree()
    print("需先按顺序输入二叉树各结点的值:")
    tree.root = create()
    print("创建成功!")
    print("1、先序\n2、中序\n3、后序\n4、求深度\n5、求结点数\n6、求度为 1 的结点数\n7、求叶子
数\n8、退出")
    while True:
        x = int(input("请选择 1 - 8:"))
        if x == 1:
            print("先序遍历二叉树:", end = '')
            tree.pre_order(tree.root)
            print()
        elif x == 2:
            print("中序遍历二叉树:", end = '')
            tree.in_order(tree.root)
            print()
        elif x == 3:
            print("后序遍历二叉树:", end = '')
            tree.post_order(tree.root)
            print()
        elif x == 4:
            print("二叉树的深度为:% d" % tree.depth(tree.root))
        elif x == 5:
            print("二叉树的结点数为:% d" % tree.get_num(tree.root))
        elif x == 6:
            tree.degree(tree.root)
            print("度为 1 的结点个数为:% d" % tree.n)
        elif x == 7:
            tree.get_leaves(tree.root)
            print("叶子数为:% d" % tree.leaves)
        elif x == 8:
            return
        else:
            print("输入有误!")


main()
```

【运行结果】

1. 创建二叉树

```
需先按顺序输入二叉树各结点的值:
a
b
#
c
#
#
#
创建成功!
```

2. 各选项结果

1. 先序
2. 中序
3. 后序
4. 求深度
5. 求结点数
6. 求度为 1 的结点数
7. 求叶子数
8. 退出
请选择 1～8：1
先序遍历二叉树：a b c
请选择 1～8：2
中序遍历二叉树：b c a
请选择 1～8：3
后序遍历二叉树：c b a
请选择 1～8：4
二叉树的深度为：3
请选择 1～8：5
二叉树的结点数为：3
请选择 1～8：6
度为 1 的结点个数为：1
请选择 1～8：7
叶子数为：1
请选择 1～8：8

参 考 文 献

［1］ 谭浩强.C 程序设计［M］.2 版.北京：清华大学出版社,1999.

［2］ 谭浩强.C 语言程序设计题解与上机指导［M］.北京：清华大学出版社,2000.

［3］ 严蔚敏,吴伟民.数据结构 C 语言版［M］.北京：清华大学出版社,1997.

图书资源支持

感谢您一直以来对清华版图书的支持和爱护。为了配合本书的使用，本书提供配套的资源，有需求的读者请扫描下方的"书圈"微信公众号二维码，在图书专区下载，也可以拨打电话或发送电子邮件咨询。

如果您在使用本书的过程中遇到了什么问题，或者有相关图书出版计划，也请您发邮件告诉我们，以便我们更好地为您服务。

我们的联系方式：

地　　址：北京市海淀区双清路学研大厦 A 座 714

邮　　编：100084

电　　话：010-83470236　010-83470237

客服邮箱：2301891038@qq.com

QQ：2301891038（请写明您的单位和姓名）

资源下载：关注公众号"书圈"下载配套资源。

资源下载、样书申请

书圈

获取最新书目

观看课程直播